做一个刚刚好的自己

孙明一 /著

ZUO YIGE
GANGGANGHAO
DE ZIJI

文汇出版社

图书在版编目 (CIP) 数据

做一个刚刚好的自己 / 孙明一著 . — 上海 : 文汇
出版社 , 2017.4
ISBN 978-7-5496-2039-5

Ⅰ . ①做… Ⅱ . ①孙… Ⅲ . ①女性 - 成功心理 - 通俗
读物 Ⅳ . ① B848.4-49

中国版本图书馆 CIP 数据核字 (2017) 第 053202 号

做一个刚刚好的自己

著　　者 / 孙明一
责任编辑 / 戴　铮
装帧设计 / 天之赋设计室

出版发行 / 文匯出版社
　　　　　上海市威海路 755 号
　　　　　（邮政编码：200041）
经　　销 / 全国新华书店
印　　制 / 河北浩润印刷有限公司
版　　次 / 2017 年 5 月第 1 版
印　　次 / 2022 年 7 月第 4 次印刷
开　　本 / 710×1000　1/16
字　　数 / 145 千字
印　　张 / 14

书　　号 / ISBN 978-7-5496-2039-5
定　　价 / 38.80 元

前　言

天下女人有一个共同的名字，叫骄傲。

骄傲，不仅是因为女人拥有了经济和人格的双重独立，更因为女人越来越懂得如何活出彩了。

骄傲，是因为女人自信。

喜欢的东西，不用想谁会帮着买单——刷自己的卡，是自重，更是骄傲。

不想相处的人，立马挥手说再见，大千世界，可以认识的人有很多——放弃虚与委蛇的牵强，是自信，更是骄傲。

情场纠葛中，总有先来后到，不小心被后来者抢了先，可以立马大胆地甩了那个男人，因为感情与第三者无关，而是他不值得珍惜。

在爱情面前，骄傲的女人永远知道如何取舍。

对很多人来说，生活是一门技术活儿，需要应对太多烦琐。而对于女人来说，生活更像是一门很美的艺术，怎么出彩怎么活，哪怕今天心碎酒醉，明天太阳依旧是新的，没什么大不了。

美好的生活，要学会美好地接受。

职场如战场，没有谁会把女人当成弱者来保护，忘掉性别的女人是英雄，而英雄都是骄傲者。男人和女人竞争，时常会被女人的魅力打败，这种魅力叫骄傲。

骄傲，是因为女人已开始强大起来。

哪怕现实当道，诱惑来袭，只要是女人想要守住的幸福，没有谁能够轻易撼动，这种强大叫骄傲。

骄傲，没什么不好。

骄傲，是一种生活态度。

骄傲又美好，这样的女子刚刚好。

目　录
Contents

第一卷：爱情是猎场，骄傲不伪装

爱情是场博弈，男女之间犹如猎手和猎物：谁先爱上，谁就是猎手；而谁爱得多，谁就是猎物。

第二卷：生活中的女王都是"三强心"

强者的"强"在于心。而女人的强，是一种涵养，一种领悟，是对生活的热爱，对命运的把握和坚守。

第三卷：职场是女人最骄傲的战场

职场女人最令人向往的地方，不是所向披靡的风姿，而是看淡职场风云的优雅和骄傲，有时候，一抹微笑，就足以抹杀千军万马。

第四卷：骄傲地拒绝现实的魅惑

诱惑之于现实，是春药。诱惑之于女人，是毒药。诱惑之于岁月，却是解药。认得清现实，放得下诱惑，岁月之于女人的，是永恒的智慧。

第五卷：女人是王，就该骄傲地活着

骄傲的女人，为自己而活。骄傲的女王，为美丽而活。女人是王，就该骄傲地活着，活得快乐，活出自我。

第一卷：爱情是猎场，骄傲不伪装

爱情是场博弈，男女之间犹如猎手和猎物：谁先爱上，谁就是猎手；而谁爱得多，谁就是猎物。

1. 女人最大的骄傲不是爱情，而是选对人

聪明女人都懂得一句话：选对人，才会有幸福。

而现实却是，经常可以看到有的女人会把一个渣男爱得死去活来，最后以"男人不坏，女人不爱"来为曾经的错误买单。

事实上，很多女人在爱情上走过弯路，越年轻，越莽撞，以为玫瑰就是爱情，以为甜言蜜语就是一生一世，以为自己爱了就可以义无反顾，以为父母阻拦就是对爱情的亵渎……

然而，她们却忘了：玫瑰，他可以送给你，也可以送给别人；誓言，听了也就随风飘散了；爱了，未必就有永远。我们最不愿意承认的是，别人的劝阻往往是经验之谈——结局却证明，爱情原来会很容易被事实打败。

更残忍的是，越是骄傲的女人，越容易被爱情打败。

我的朋友小乔，人如其名，貌美如花也就罢了，偏偏还是名牌大学的高材生，一毕业就被某央企收入门下，人前人后不可谓不风光——唯一遗憾的是，情场一直不顺。

明眼人一瞧便知，小乔的爱情总是过于高调，过于骄傲，从富二代到"创一代"，从"海鲜王子"到地产大亨，她总喜欢拉扯着他们四处炫耀，逢人便介绍，让我们这些找了平民男子的女人无地

自容。

当然，结局总是这样那样的被遗憾填满。所以，年过30岁的小乔依然是大家的小乔，只能生活在孤芳自赏中。

后来，很长一段时间未见，才知小乔下基层锻炼去了。回来之后，人变得又黑又瘦，更让人诧异的是，身上那股傲劲儿也不见了，眉目间似有淡淡的忧虑，言语也总是迟疑。问起，她才说自己恋爱了。

众人不明白，恋爱本是喜事，何故让小乔犯愁？

后来小乔才说出心中的忧虑：原来，新任男友一无背景，二无家世，是再普通不过的一个男人——物质条件连小乔都不如，更无法跟她之前的那些男朋友相比。小乔怕大家笑话自己，一直不敢公开，却并不知我们更关心的是：这个男人对你好吗？

是的，作为朋友，我们关心的首要条件永远是：这个人对你好吗？

对你好，选择就是对的，这份爱情才值得坚守。

小乔拼命地点头，竹筒倒豆子一样说出男人桩桩件件的好来，我们一顿饭吃完了，她还没有说完。优点多又对女人好，想来，她是选对了人。

半年后，小乔美美地嫁了，后来过得很幸福。

再聚时，她身上的那股骄傲劲儿又来了，因为他不舍得她沾那"阳春水"，所以她的手比我们要娇嫩；他不忍心让她加班到胃疼，哪怕刮风下雨也要为她送上小米粥；他不愿她在物质上短缺，总是将工资悉数上交，还额外兼职做外语家教贴补家用……

桩桩好，件件好，一直听到我们心生嫉妒。同时也不得不佩服，小乔的骄傲完全源于一个人，一个选对了的男人。

抛开世俗，所有的爱情细节都雷同，唯一不同的是，选了什么样的人就意味着将来过什么样的日子——所以，值得骄傲的不是爱情，而是选对人。

女人生来就有两种命，一命出自父母，一命来自婚姻。

婚姻之前，爱情之中，女人总是骄傲地认为，众人眼里的好才是真的好，却并不知，对自己好的那个人才最珍贵。

女人最大的骄傲不是爱情，而是选对人。

2. 爱的骄傲，贵在越爱越明白

生活中，经常听到有女人抱怨，说越来越看不透当下社会；爱情更是天天被叫骂，痴男怨女在爱情的战场上只差血肉横飞才罢休！

曾认识的一个女子，可谓受尽生活的苦：生在富贵家，却遭遇了父亲破产后的绝望境地；母亲改嫁之后，她便彻底成了苦孩子；好不容易熬到自己当家作主，竟又遇到一个无赖男人，财色被骗尽，最后不得不以分手而告终。

如此境地，让她伤透了心，她一直埋怨自己没活明白——对方的狼子野心如此明显，愣是没看透！每次诉说到最后，都会叹息一句："唉，真是折磨人，生活和爱情，我没一个活得明白的。"

活得明白，不如爱得明白。

爱得骄傲，贵在越爱越明白。

生活是个大舞台，生旦净末丑，角色太多；东南西北中，位置太多——生而为人的我们只能接受其中一个角色，占用一个位置，不可能每样都去尝试。

不论生在富贵之家还是贫贱之门，只要父母双全、母慈子孝，便是生活最好的赋予。谁都明白，风水轮流转，三十年河东三十年河西，没有谁会永远贫贱，深山也有出太阳的时刻。所以，不必把生活看得太透、太明白，就算你有通天法眼，老天爷也不会单独为你更改命理——正所谓，一切命中注定。

活得明白的人，不论是强势还是懦弱，其实都是在过日子、讨生活罢了——活得太明白，反而容易累，顺其自然才更好。

然而，爱就一定要爱得明白。别说你没有慧眼，没有慧眼至少还有耳朵，可以去探，可以去听，道听途说的未必就是空穴来风，亲眼所见的有时候反而会蒙蔽双眼。

爱一个人，开始要用耳朵、用心去爱，听他的话琢磨他的意图，用心感受他是如何为人处世的。一个满脸蜜糖的男人，未必就没有一颗真心；同样的，一个少言寡语的男人，未必就是可以依靠的。

人，贵在心灵，而心灵是需要时间去验证、去感受的。

爱得明白，才不至为爱受苦。

为爱受苦的人，终是不幸福的。

爱需要明白，去爱更需要明白，看明白那个人是不是在用心爱自己，看明白那个人是不是真的可以依赖一生，这才是最重要的。

一如我上面提到的女子，生活的苦再多，她也能撑过去，因为还有比她更苦的，放低姿势，生活依然在；而爱情的苦，若一受再受，她必定会受不了——要知道，爱情里的伤害都是一样的，不爱是一种伤害，爱了再背叛也是一种伤害，过程改了，结局却是一样的绝望！

女人，爱得明白了，才会爱得骄傲。

我们面对的生活，太多姿多彩，我们不可能事事看穿，相反，留一点空白，反而是一种乐趣；而爱情的世界里，面对的只有一个人、一颗心，人若变了，心若坏了，那才叫真伤害。

活得明白，是一种境界，却需要阅历来培养；爱得明白，是一种聪明，只需要用心去考验。

3.傲视爱情，避开山寨烂桃花

在这个一切以光速般的时间来计算的时代，爱情的世界里，不仅有"快餐版""始乱终弃版"，还有了"山寨版"。如果工作时有人喊你"亲爱的"，如果玩网游时有人称呼你"宝贝"，请你一定不要惊讶，也不要心如鹿撞，这不是爱你的昵称，而只是一朵山寨桃花。

就像小 A 遇上的那场爱情一样，她以为那个男人爱的是自己，眼角眉梢，甚至一举一动里都让她觉得，这是自己的真命天子——却不料，真相竟是：男人之妻不曾下堂，他给予小 A 的只是一场露水姻缘。

真相一旦浮出水面，任小 A 哭也好，闹也好，本就是一场婚外情，就算上吊也改变不了山寨的命运！

已婚男人玩山寨爱情，从来不留情面，他们在追求你时用尽了心思，想甩掉你时也必会费尽心思——就像在饭店就餐时用的筷子，再洁白，再优雅，因为有了正室，所以只能把你当成一次性的，用过即扔！

所谓的爱情，只不过是跟你谈情说爱的幌子，跟你的美貌无关，跟你的温柔无关，跟你的优秀无关，只与一样东西相衬——性。山寨爱情开始了，也就意味着结束，一如只开一季的桃花，开过了，就意味着凋零，别指望它会四季常红。

聪明的女人，不会相信已婚男人的鬼话。

那些喜欢在网上寻找情缘，单身的，年龄相当的男人，总不至于骗人吧？一两句关切，四五句问候，七八个笑话，电话留了，微信沦陷了，e-mail 随之公布了，就连微博里字里行间也有对方的痕迹可寻，不可谓不用心良苦。

在所有人眼里，网络情缘已经被普遍接受，这无可厚非，而网络里的男人也完全可能真是单身——可就算是这样，这场爱情也逃不掉山寨的命运!

为什么?

曾经有的关切,他给过别的网友,如今还在重复;

曾经有的问候,只是他已经熟悉了的几个字,不过是透过屏幕传达给你了,就像开机关机一样简单;

曾经说给你听的笑话,也是他倒背如流、哄过无数人的把戏;

至于电话里的温存,微信里的谦恭,甚至邮箱里的暧昧来信,都是经过千锤百炼修成的"成果"。

网上的每个男人都是"才子",因为随便打开一个网页就有可能 copy 情深意长的唐诗宋词——网上的每段情缘都是浪漫的,因为随便搜寻一下都能下载到相关的情书。

这不是简单的复制,而是彻头彻尾的山寨袭击!

不要以为遇上了,能聊得来,就是爱情,就是真情。错了,不过是一场山寨版的爱情演习——运气好,或许会有所收获;运气不好,又是一场伤筋动骨的山寨桃花劫!

纵观爱情,过去的纯真已然不复存在,空留的只是古人的赞叹,而今的感伤。

有多少午夜电台里播放着迷途的声音,字字句句地诉说着被爱所伤的痛与悔,有多少电视剧乐此不疲地褒贬着当今时代爱情的脆弱跟虚伪。

这是我们的改变,还是时代的进步,无从考证。唯一可以了解的,只是爱情变了味,一场又一场的山寨爱情表演,让我们胆战心惊、诚惶诚恐!

就像盛开的夹竹桃，远看似桃花，实则是带着毒的假桃花——美丽，妖艳，却透着凛冽的毒，让人不敢亲近。而真正的桃花在夹竹桃这株山寨版的桃花面前早就笑跑了春风，再也无迹可寻。

遭遇爱情里的山寨桃花，实在是一场大悲哀。

傲视爱情，学会避开山寨烂桃花，用骄傲的姿态告诉他：闭嘴吧，我早已经看穿了你！

4. 可以骄傲，但别"恃爱行凶"

男女之间的博弈，想想其实很有意思，归根结底就一句话：婚前，男人怕女人；婚后，女人怕男人。

中国式恋爱，通常是男人追求女人。

一段恋情从相识到走进婚姻，风向大多是握在男人手中的。男人追得勤奋和用心，女人被打动的速度就会越快，从恋爱到婚姻的距离，也就可以缩短许多。

当然，凡是女人就没有不任性的。

恋爱中的女人常常容易犯"公主病"，男人追得越凶，女人的公主病就犯得越厉害，偶尔耍耍的小脾气，随着交往的加深会日渐成为家常便饭——时不时地玩下失踪，闹下分手，更不在话下。

每闹一次就让男人心惊胆战一次，于是不得不加倍小心地伺候着，生怕她再闹，再生气。

都说婚前是奴隶的人，婚后往往会成为将军，这话对于男人来说，实在是受用。

很多女人在婚后都会哭诉说，男人婚前婚后完全就是两种人：婚前有多殷勤，婚后就有多懒散；婚前有多浪漫，婚后就有多庸俗。

总之一句话，婚后的女人抱怨起来，似乎都觉得自己嫁错了人，男人身上有太多毛病是她们先前没有发现的，婚后却又不得不妥协和接受。

当然，抱怨归抱怨，日子还是要过的。

尽管对男人有诸多不满，但女人还是会选择原谅，而且随着岁月的流逝，女人对于男人身上的毛病竟然可以慢慢地视而不见——

他有多懒散，女人就学会了多勤快。

他的庸俗，在女人眼里也渐渐成为了"大葱换玫瑰"之后的物有所值。

更为可笑的是，随着女人年龄的增加，对于男人，她们的要求会越来越低。如果自家男人在社会上越混越有身份，女人还容易从内心滋生出些许自卑来，责怪自己不再年轻，不够漂亮，直至对事业有成的男人越来越唯命是从——当年的将军，彻底沦为如今的奴隶。

说来好笑，男人和女人之间的故事就是如此循环着，一辈又一辈。但仔细想想，不管是先前的男人怕女人，还是之后的女人怕男人，原因只有一个——爱。

因为爱，所以婚前的男人愿意小心伺候着女人。

　　年轻的心谁都有过单纯，单纯的男人认为，只要心爱的女人高兴了，自己就会高兴；女人发了脾气，就会觉得一切都是自己的错，除了道歉，还要配上一份小心翼翼。

　　同样地，婚后的女人对于男人总是一忍再忍，也是因为爱。成熟起来的女人越来越明白，不论嫁的这个男人是成功还是失败，自己都搭上了一辈子，何苦跟他过不去呢？之所以顺着，是因为爱着，怕感情出现裂缝，怕身体出现异常，怕婚姻出现裂缝……

　　怕你，是因为爱你。

　　身为女人，再骄傲也要认清爱的珍贵，多给自己留条后路。

　　怕的东西越多，婚姻反而越牢靠，所以，不管是男人还是女人，真的没必要"恃爱行凶"。给怕你的人一个机会，好好去爱；给自己怕的人许一个未来，好好珍惜。

5. 做个骄傲的姑娘，别信所谓的风月神话

　　身边不少女子，包括自己，对那些爱恨纠缠的文字百般痴迷，幻想自己某年某月来一场百转千回的风月故事。

　　其实，稍加研究你就会发现，所谓的风月神话都是需要付出代价的。

　　如果你读过《红楼梦》，一定曾被里面的"宝黛之恋"所感动。

他们的爱情由青梅竹马开始，一个至真，一个至纯，可谓赚尽了天下人的眼泪。可细品，宝玉背后还站着一个精明的宝钗，对这个女子，宝玉是惧中带爱，爱中带着一份酸的。

如果不是黛玉短命，好端端的一对人儿天人永隔，就算贾母心怀偏袒，那宝黛的爱情也不尽然就是大团圆了。

平坦的故事总是无味，看似波折的东西，永远有人惦记。这是很简单的一个道理——爱情，亦然。

如果你不信，那就往回再看。司马相如和卓文君可以算作代表了吧？不说私奔的坚决，不说当街沽酒的勇气，但说坎坷相见后司马先生的那一组数字诗里"一二三四五六七八九十百千万"偏偏没有"亿"。

不明白的人看着，这不过是一组数字，可聪明通透的卓文君怎能读不懂其中的寒意？"亿"同"忆"，人家虽然感激，却对你独独少了那份回忆。纵然这场相见历经的苦难是百转千回，纵然你泪流满面，纵然你痛彻骨髓，那又如何？

不再相忆，岂奈我何！

幸好，卓文君是执着的，多情的她虽然以数字诗"一别之后，两地相悬，只说是三四月，又谁知五六年，七弦琴无心弹，八行书无可传，九连环从中折断，十里长亭眼望穿，百思想，千系念，万般无奈把郎怨……"劝回了君心，可那份与君绝忆的悲哀，怕是要一辈子凉在她心头上的。

生活中的爱情，越是平坦就越是普通，而我们总是感觉缺少了些什么。

就像才女张爱玲一样，多少贵胄达官，她皆瞧不起，总感觉他们的行为过于幼稚，单单看上了那个风月场上的老手胡兰成，且不惜重墨地坦言，自己为爱情已然做了那朵低入尘埃的小花儿。

可叹？还是可怜？

想来，她爱着的时候是幸福的，可幸福过后，风月一场留下的感慨，怕只有当事人心里最清楚。

古人远矣，新人后继。就如同敢爱敢恨的周迅，最终依然要放手"没了他我会死"的李大齐一样。

不是不曾爱，而是没了爱。不再相爱，索性放手。一场失了魂，丢了心的表演，连一场烟花都赶不上，烟花尚有几秒钟的绽放，风月的背后，只能是人去楼空。

爱你的人，不会舍得离去；爱你的人，不会不相忆。

所谓的天长地久，其实都在一粥一饭之间，都在一朝一夕的相处里。

做个骄傲的姑娘，别信所谓的风月神话。

风月都是讲给大家听的故事，故事里的故事永远跟生活有出入。我们是凡人，就得有凡人的过法，能做到"只羡鸳鸯不羡仙"已然是超脱。

每个午夜梦回时，彼此依然在对方身旁，那就是幸福的。

6. 在王子面前不要自比灰姑娘，你叫女王

一个年过 30 岁的阿姐，将网恋搞得红红火火一年半，称对方不仅多金，家世殷实，堪称富贵，且知书达理。不过见了面才知道，那只是一个假相。

对方一穷二白，且人丑貌不端，跟照片上完全不是一个人。

阿姐气结，连眼泪都忘记如何去流，祥林嫂似的见着人便说：我说呢，他为何不嫌我年龄大，不嫌我不漂亮，不嫌我体形不好，不嫌我……原来，他是个假王子！

是了，这就是问题的关键。

假王子没有资格挑剔你是不是真公主，他戴着面具说着假话，连信息都是假的，所以只能称其为骗子。

骗子与王子，一字之差，爱情的结局自然不会相同——因为王子从来不会下凡尘，凡尘会脏了人家的宝马，凡尘会脏了人家身上的名牌，所以他们只去属于他们自己的地方。

于是，我的朋友卡卡便笑了。身为某时尚杂志编辑的她，不仅人漂亮，还经常出入于各种酒会，那里王子很多，不需费力便让她揽了一位回来。

为了吸引王子，卡卡使出一百零八般武艺，练就了一身出得厅

堂、入得厨房的本领，且坚决不受王子的援助，将自己可怜的工资都统统交给了美容院、商场。

独立又光鲜的她，赢得了王子的欢心，却赢不来未来公婆的喜好。

为了讨得豪门的钥匙，她第一次上门时便送上了豪礼，那是她举债托人从东北捎回来的红山参，据说百年一遇，价格自然不菲。

花了大血本的卡卡，以为会收获未来公婆的温和对待，却不料，另一位后来居上的女子，只是挑了一下小尾指，送上一份集团合并经营的合同书，便轻易将老人的心收了去。

接下来，卡卡兵败如山倒，王子一脸歉意地跟她解释，那是家族利益，他也无力挽回。

听明白了吧？王子骑白马，却非白马一般纯洁。人家考虑的永远是大局，绝非儿女情长，要知道，男人始终以事业为重。

话说回来，多金王子的身边，怎样的女人没有？灰姑娘更是一抓一大把——任你灰姑娘有再多的自信，还能蹉跎过岁月不成？

可是，明白这世上的男人没几个喜欢黄脸婆的灰姑娘，等到王子已去、容颜已逝，想嫁平民小子也为时已晚。

等待王子爱上灰姑娘的女人，一定是灰姑娘，因为，这种童话最受灰姑娘的欢迎。

可这毕竟是童话，合上书本，灰姑娘就应该醒醒了。要知道，门当户对的意义——就算灰姑娘个个修炼成精，你也要明白，家世何等重要！

灰姑娘自身再优秀，也比不过公主身后那个金碧辉煌的宫殿——唯那座宫殿里，才有王子想要的加冕。要理解，王子也是凡间男子，他们也渴望插上更好的翅膀，飞向更广袤的天空！

说穿了，生活不是光有爱情就足够了。特别对王子来说，他们为了撑住王子的称号，也是经过了历练、挣扎的。而这个磨炼的过程告诉他们，想要当永久的王子，就必须娶一个真公主回家。

所以，别指望王子会爱上灰姑娘。

那么，问题来了，王子不爱灰姑娘，你又算什么？

记住，你叫女王！

王子爱谁与你无关，更不要自比灰姑娘，期待什么旷世爱情。女王自有天下，自有人爱，凭什么等待他人来成全？

请骄傲地告诉所谓的王子和"国民老公"们：

我是女王，我主宰自己的命运和爱情，你爱不爱我都不叫事儿，我爱不爱你才是事儿！

姑娘就是如此骄傲，你能怎么着？

7. 被动去爱，莫如主动去踹

女人天生的矜持本性，注定了她们在爱情里不会采取主动态势，而总是被动去接受爱。

可是，在男人当中，总是有一些败类，吃定女人对自己的爱，一边享受女人的爱，一边糟蹋女人的心。

Lee 是一个 30 岁的轻熟女，不上不下的年纪让她对爱情充满渴望，又充满矛盾。她眼见着身边的好男人一个个都有了女伴，不得不加紧了行动。

可性格相对保守的她，面对心仪的男人总是主动不起来，怕主动了会吓着对方，怕主动了会让对方瞧不起，所以只好看着心仪的对象一个又一个消失，再任由那些并不心仪的男人一次又一次追求她。

好在 Lee 是个对爱情要求并不高的女人，她只希望对方足够爱自己，别无他求。而这样的男人还真出现了，虽说只是在派对上认识的一个陌生人，但从陌生到熟悉，花的时间也不长。

男人身上有令 Lee 欣赏的地方，比如他虽然职业不好，但收入尚可；比如他虽然长相一般，但 K 歌是王；比如他虽然说话不太注意场合，但有说真话的勇气。

两人交往两个月后，男人身上的优缺点却开始颠倒——

收入好的他花费也大，胡吃海塞，完全不懂得积蓄；

K 歌好是优点，可每逢朋友相聚，他除了 K 还是 K，完全不顾他人感受；

说真话虽说算得上可爱，可面对 Lee 的朋友，他也不懂得掩饰，连她后背的一颗小痣都要说出来，闹得众人纷纷侧目，以为他们交往到了很深的地步。

其实，那不过是 Lee 无意中透露给他知道的，如今却被他拿来炫耀，这让 Lee 受不了。

尝试过沟通，也尝试过努力，可男人的表现越来越差强人意，这时候 Lee 才相信一句话：物以聚类，人以群分。她和男人性格不同，生活环境不同，自然不能走到同一条轨道上。

可是，男人待她还是很好，总记得她喜欢吃的菜，她的生日，如此一来，Lee 的心又软了。虽说交往是继续下来了，可她心里总像少了一种感觉，说不出是什么，就是觉得不舒服。

随着时间推移，男人的约会和男人的电话，她都不想理。可她不理，对方就主动上门来约，她又不得不应付……

被动去爱的女人，容易成为爱情的傀儡，被另一方推着往前走，但自己是否快乐，只有自己知道。

作为传统女人，矜持虽是美德，但不要把它当花儿一样看待——与其被动去爱，莫如主动去踹！

被动去爱的女人太委屈，主动去踹需要勇气。可是，不踹掉坏的，哪还有机会迎接好的？骄傲的女人，就该这么做！

8. 骄傲的女人，永远会避开这种投资行为

女人闲聊时最容易聊出真理。

某日在市区最大的咖啡屋等人时，听到旁边一桌女人在闲聊，其中一人高声叹道："做老婆还不如做小三呐，老婆除了一日三餐

还要上奉老、下养小，倒不如小三每天吃香喝辣来得痛快！"

另一人接上说："那倒是，'新婚姻法'这一改呀，小三又火起来啦，这眼下的男人更是无可管束喽，唉！"

虽是闲聊，却不免为当下的女人所不值。同为女人，做老婆和做小三的差别怎就那么大呢？可能也正是因为如此，所以才有了"宁做小三也绝对不嫁穷人"的口号。

一些女人为了过更好的生活，宁可选择没名没分地跟着某个有家室的大款男人，也绝不下嫁那些吃粗粮、背房贷的穷酸男人，誓将"笑贫不笑娼"进行到底！

正是这类女人的不作为，才让某些存心不良的有钱男人动了歪心思，更加促成了他们"家里红旗不倒，外面彩旗飘飘"的恶劣行为。

于是乎，出现了"上海富豪千万选女友"的趣闻，更出现了"富二代进军名校高调选妃"的笑资，这便引得那些自以为颇有姿色的女人纷纷投桃报李地杀将过去，以为有一张漂亮脸蛋就可以嫁进豪门。

可是，正室永远只有一个，当不成正室怎么办？大路不通，只好走小路，一心奔赴豪门的女人们，开始了另一个行当——当小三。

众所周知，当小三必须表相耐看，除此之外，最好精通琴棋书画。要知道，富豪出入的可都是非富即贵的场所，作为男人，他们更需要找一个"外貌美过貂蝉，智慧赛过天仙"的女人撑门面——身为小三，没有一定的长处，怎能比得下那么多虎视眈眈的眼睛？

于是乎，小三开始行动了：姿色要保持，学历要跟上，外语要能说，歌舞要在行，正可谓练得一身本领！

由此看来，小三也不是那么好当的——除了技能投资，还要学会身体投资。哄男人也好，骗男人也罢，总之，男人的脸色是她们生存的唯一出路，却独独忘记了，这是一项高风险的盲目投资行为。

做小三，投入了身体，同时也投入了青春，人老珠黄那一天，谁能保证男人不再找小四、小五？放眼那些为生活打拼的坚强女子，人家投资的是事业，是自身的修炼，就算眼浊，被某个男人负了，至少还有事业握在手里。如此一比较，那些想走捷径做小三的女人就应该看明白——

做小三是一项高风险的身体投资行为，青春不可能永恒，容颜不可能永恒，你又有什么能耐让男人对你永远保持新鲜感呢？耗费青春，浪费时间，将自己一天天拖成老剩女，实属不值，莫如回头是岸。更何况，对于骄傲的女人来说，伺候一个二手货，不如痛痛快快打磨属于自己的一手男！

做小三是一场极具风险的身体投资行为，结果岂止"赔了夫人又折兵"？

骄傲的女人，永远要避开这种投资行为。

9. 强食"剩菜男"？ NO！

女人谈恋爱就如同买菜，挑三拣四之后难免再讨价还价。但毕竟男人不是菜，说几块就几块——男人的价值需要时间来体现，更需要用心去评估。

好友 Lisa，可谓女人中的精品，家资丰厚，容貌出众不说，还是硕博连读的优秀高材生，唯一遗憾的，就是爱情不够圆满。用她自己的话说："男方条件好吧，都想找更年轻、更温柔的；条件不好的男人，更不靠谱，一听说我是博士，通常面都不见就吓跑了，唉……"不可谓不悲哀。

这就是中国社会的现状，女人不能太优秀，过于优秀的女人对于男人来说如同猛虎，仿佛娶了一个女强人，就要接受一辈子的打压似的——中国男人在择偶上就是这么无奈又悲催。

然而，有不适合的，就一定有合适的出现。Lisa 在年初经人介绍，认识了一个叫强的男人，普通本科，家世和职业都一般，甚至连安身的房子都没有。

Lisa 起初没觉得对方哪里好，毕竟，女人选对象选的就是下半辈子的生活，她需要衡量。就在她犹豫的那几天时间里，对方人如其名地对她进行了强势攻击，从驴友会到 DJ 厅，从健身到品酒，花样繁多，而且态度极好，一直对她毕恭毕敬。

这让她十分欣慰，尽管明知双方条件不相当，但还是点头同意了交往。但交往不过两个月，她便发现了问题。

跟强和他的朋友一起出去吃饭，桌上的人对她这个女博士很尊敬，但强却不止一次地强调说："我们俩是她追的我，我才不喜欢博士呢。"起初说这话，Lisa认为强是喝多了开玩笑，没在意，也没反驳。

接着，强又出现了状况。老家在农村的他，已经过了30岁，按理说是该成个家了，可一无房二无车的社会现实，导致没哪个女人有勇气敢嫁给他，所以恋爱之前的他是夹着尾巴做人的。

但自从遇上了Lisa，依仗她的房子车子，强开始四处吹牛："我的房子在市中心繁华地带，我的车是德国名牌，不怕撞……"

这些话被Lisa听进耳朵里，自然不是味，嘴上不说，心里已经对这个男人和这段感情开始起疑：他究竟爱的是我这个人，还是我的东西？

接下来发生的事，让Lisa更加无法接受。相识两个月，强不止一次要求去她家看看，还要求她早些去登记，但对结婚摆酒席这事只字不提，仿佛登了记，一切就成了定局一样。

Lisa这次多了几个心眼，问他："你为什么要结婚？"其实这样问的时候，她还以为他会答成是：太爱自己。不料，强说的竟是："这么多年一直租房子，一个人过，我太想有个家了！"说这话的表情，充满渴望又显得卑微。

恰逢那天两人所去的餐厅炒坏了菜，本该青翠的绿叶成了焦黄色。学医的 Lisa 明白，这盘菜营养全无，就未动一筷子，可强却吃得十分欢畅。Lisa 看他吃着，看着看着，心底突然涌起一个词："剩菜男"。

联想起交往这些日子以来的种种是非，Lisa 突然想明白了，大龄女因为急着嫁，往往忽视了男人的质量，就像人饿极了之后总是会忽视菜的营养一样——餐桌上的剩菜，隔夜后营养变成了毒素，当然不能吃。

同样地，男人中的"剩菜"，也绝对不能和他将就着走进婚姻，因为他的身心也是带"毒"的——只是这种"毒"是不思量，不自强，不懂做男人的根本，不明白女人最需要的是什么。

餐桌上的剩菜，是因为发生了霉变才被倒掉的；男人中的"剩菜"，是因为品质不佳才被嫌弃的。

强食"剩菜男"？ NO ！

就算女人再难嫁，也要骄傲地踢走不合适的"剩菜男"，坚决不留。

10. 聪明女人，永远挂在葡萄架上

常听身边的女人说，男人没一个好东西，个个像狐狸，狡猾地只想吃葡萄，吃完后抹了嘴便想逃，一点儿责任心也没有。

其实，这样的故事听多了，怕连女人自己也麻木了。

谁都说，这是一个开放的年代，男女不仅平等，还大有阴盛阳衰之势头。女人在家里是主心骨，在职场上也个个是能手，拿得起，放得下，无比干练。唯在感情上，女人仿佛永远是弱者，在跟男人做情感斗争的时候，赢了仿佛是注定的，输了便觉得自己吃了亏。

我们从小都听过一个关于狐狸和葡萄的故事：

鲜美的葡萄挂在葡萄架上，让狐狸垂涎三尺，它每天都会绕着葡萄架转上几圈。等到葡萄成熟后，它更是急得火烧眉毛，可偏偏吃不上。

善良的葡萄流泪了，它以为天天围着自己转的狐狸爱上了自己，于是自愿滚落下来，正好落到了狐狸的嘴里。葡萄做了为爱扑火的飞蛾，而狐狸在尝过葡萄之后，却蹙起眉毛说，不过如此。

尝过葡萄的狐狸，就像尝过爱情滋味的男人，无论爱情是苦是甜，他们享受过，拥有过，心里对爱情的期望值便低了不少。为爱如飞蛾扑火的女人，如果不小心遇上了这类男人，她们便只好感叹：哪里有所谓的好男人。

其实，狐狸和葡萄的故事还有第二个版本。

聪明的葡萄不会擅自跌落到狐狸嘴里，它一直矜持地、高高地挂在葡萄架上，既诱惑着狐狸的心，又吊着狐狸的胃口。架下的狐狸等到实在难以忍受之时，它自然会想办法吃到葡萄的。

再结实的葡萄架，也是有缝隙存在的。狡猾的狐狸发现，围墙外有一个小洞口可以出入，它兴奋地往里奔，却发现自己过胖，根本无法顺利进入。它想过放弃，但眼前的葡萄实在太美，于是它做出了一个决定：绝食，减肥。

经过一番艰苦的减肥，狐狸终于挤进了葡萄园。吃到了美味的葡萄之后，它抚着肚子从葡萄园里出来，对门外等待的同伴说，葡萄确实美味，好吃极了。

费过心思才吃到的美味，让这只狐狸美美地回忆了一段时间。可很快，它便把葡萄抛到一边，转而开始喜欢苹果、橘子，甚至连小小的山枣儿也不放过。对狐狸来说，一切美味都值得尝试，不过尝试过后很快就都会忘记。

就像男人一样，不论遇上多么难懂的女人，只要花了心思使得对方爱上自己，便会觉得，女人不过如此。而自恃以高傲得到男人青睐的女人，又要在失宠后哭泣：这世上的男人怎就个个薄情呢？

如果我们把狐狸和葡萄的故事版本再更新一下，让葡萄永远挂在架上，以明媚、张扬的姿势笑傲葡萄架下的狐狸，让它只可远观，不可近玩，这样的葡萄在狐狸心里会不会永远是美味？

就像一个女人，在没得到男人正式的承诺时，以绝对的清白示人，以决绝的姿势坚守，不让男人占得一丝一毫的便宜，若即若离地让男人永远站在离自己一定范围的距离内，那男人又会何去何从？

也许，无外乎两种情况：真爱你的，永远不会因为距离而停止追求；不爱你的，就算你跟他眼耳相接，他的心思也不会放在你身上。作为女人，就要学会做葡萄架上的葡萄。

聪明的女人，永远挂在葡萄架上——不相信男人的摇尾乞怜，不轻信男人的花言巧语，自己能把握好尺度，适时而爱，待价而沽。这样的女人才是极品，就像老话说的：吃不到的葡萄最美味。

做一个让男人可望不可即的女人，便是最聪明的。

11. 拿好计算器，算算"回头"这笔账

爱情历来是有成本的。

谈恋爱时，相互之间的付出是成本；分手时，相互之间的算计也是成本；就连爱到回头，也是有成本的。

所以，想回头的姑娘，拿好计算器，要好好算算"回头"这笔账。

有这样一个故事：

一位智者租了一条船，带着自己刚刚买来的昂贵的花瓶回家，但是往船上搬运花瓶时，不小心把它碰碎了。智者虽然心有不舍，却没多看一眼，转身将碎瓷片丢进海里，然后命船家轻装上路。

众人皆惊，有好事者问："你怎么不多看看，真可惜！"

智者摇头道："花瓶碎都碎了，还有什么好看的？"

这便是智者了。他清楚地认识到，碎掉的东西，再回头看是需要成本的，这成本里既有时间，还有不舍——更多的是，这成本容易牵绊自己前行的脚步。

一如爱情。

一份感情过去了，就要懂得适时放下，回头的成本虽不昂贵，却容易耽误彼此的时间，徒增伤感，频频回头的结果，只能是误人误己。由此可见，回头的话，成本里最大的一笔开支便是浪费时间。

一段感情过去，就应该让它好好地结束，就算当初付出的是一百分，就算对方当时给你的回报也是一百分，可现在的问题是，不爱了，错过了，结束了。那么，也只能放下，离开。

再多的不舍，只是对过去回忆的一种祭奠；再多的留恋，只是对当初那份美好的一种纪念。在爱情的世界里，真正相爱的人是外力无法分开的，一如"梁祝化蝶"，就算死了也要爱。

曾有一个至友，她的爱情差点成为现实版"梁祝"。

彼时，她以为遇上了一段一定能天长地久的爱情，那个男子也爱她至深。

那时，她是剧团的旦角，漂亮大方，极有前途，26 岁便成了国家二级演员；而他只是一名道具人员，剧团闲暇时便是勤杂工，属于可有可无的小角色。

他对她，好到无法形容，她怎么看他也都感觉心喜。

女人的爱情，开始了就难以结束，尽管双方家庭都极力反对，可她还是为爱做了义无反顾的飞蛾。

可是，正当我们准备结婚礼物时，她却宣布了分手。原因只有一个：双方实在不相配，走到哪里都是流言蜚语，她不得不选择分手。

　　这一分就是一年。一年时间里，她又经历了一次恋爱，可怎么爱都觉得力不从心，总感觉还是前任好。

　　于是，她想到了回头，而此时的他早已经有了新女友，门当户对，爱如细水长流。再见她时，他早已把她当成了过去式，且直言相告，过去跟她在一起时是多么的委屈。

　　这一发现，让她痛不欲生。她怎么也料不到，自己不计一切追求的爱情，最后还是以结束收场了。

　　其实，这就是爱情里的回头成本。

　　如果不回头，对方在你心里依然会保持完美；如果不回头，你在对方心里也是一如既往的美好。可就是因为回了头，你发现对方不再爱你，于是又嫉恨又悲伤。

　　而对方发现你完全不像过去那样高不可攀，还会暗笑你曾经的高傲是多么的无知……

　　因为回头，你丢失了原来的骄傲；因为回头，你失去了在对方心里曾经占据过的唯一位置。

　　有句老话叫：好马不吃回头草。不是回头草不好，也不是回头草不嫩，实在是回头太难，实在是回头不易。就算马儿还是那匹马，可草儿却不定还是那棵草——风吹雨落，没有哪棵草会拒绝季节的变化，为马儿守候到死。

　　所以说，爱情的回头成本太昂贵，拼尽一生力气回头，看到的风景却已然不属于自己。应该像智者那样，丢弃碎了的过去，轻装上阵，奔赴下一场新的开始，这才叫真聪明！

12. 女王恋爱法则：不爱我，先休了你

睡到半夜，突被电话惊醒。接起，忽闻一阵哽咽。闺密丽冉在电话里哭得死去活来，她说："我还得到你那里借宿几天，我跟他没法过啦！"

此时已是凌晨两点半，想必丽冉跟她那位"商场骄子"又闹翻了。

放下电话没多久，丽冉就敲开了我的房门。她一进门就放声大哭，仿佛世界末日到了一般难过。以前，他们夫妻也经常有吵闹，所以我早见怪不怪了，可偏偏这次，丽冉一直哭到无力才罢休。她说："完了，我跟他彻底完了。"

原来，丽冉的老公出轨被抓多次，无论丽冉如何劝解，父母如何压制，对方就是不思悔改，且大言不惭地数落丽冉说："瞧瞧你，都老成什么样儿了？我能带一个惨不忍睹的女人去参加宴会吗？能跟一个天天吵架的女人再续欢爱吗？"

对方的话过于苛刻，也太伤人。丽冉流着眼泪说："离吧，不然还能怎样？心不在了，难道还能拴住他的人不成？"

我说："为什么非要等着对方跟自己提离婚呢？大胆一些，实在不行，你先休了他！"

中国女人历来传统，只要结了婚，不到万不得已是断然不会离婚的，从一而终的思想根深蒂固。可偏偏时代变了，中国男人有些学会了"饱暖思淫欲"，从暗地勾结到明目张胆。

家里上奉老、下护小的妻子，被岁月蹉跎成昨日黄花，而家外的男人却总能遇上第二个春天——他们春风得意地享受家花的温柔，野花的芬芳，过得好不快活。若家里的女人不争也便算了，真要争论起来，他们大多会毫不客气地说："瞧瞧你，人至中年，模样全非，若跟我离了，看还有谁能要你？"

听听，这就是男人，他不要你，还希望别人也不要你。如此自私与不堪的男人，还有什么可留恋的？大胆站起来，跟他讲好一二三，分家产，要田地，红本换绿本，从此看谁过得精彩！

如今这社会，女人就应该勇敢，应该正确认识自己，这个男人不爱自己，肯定会有另一个男人欣赏自己——所谓情人眼里出西施，谁把你当作眼里的宝贝，谁就是最爱你的那个人。跳出不爱自己的那个家，骄傲地告诉那个不爱自己的男人：我今天休了你，让你再嚣张！

休夫，从古至今皆有。别看法国前总统萨科齐如今携新人四处风光，其实他就是被自己老婆休掉在先的！

女人可以失去容颜，但不能失去尊严，休他，不是你做得不够好，而是他实在太差劲。跟一个太差劲的男人生活得越久，你的幸福就会损失得越多。拿自己的幸福开玩笑，不值得的。

告诉那个不懂得珍惜的男人：不爱我，就休了你！休夫的女人，既是不再爱那个男人了，也是更加学会爱自己了。无论何时，女人多爱自己一些，多疼自己一些，终归是对的。

所以，姑娘们，不管是在恋爱中还是婚姻里，明知选错了人，明知是没有必要继续往下走的路，我们都要勇敢地跳出来说不。

记住，女王的恋爱法则永远是：不爱我，先休了你！

13. 骄傲应对暧昧的姿态

总有一些男人，喜欢打熟女的主意。

熟女思想成熟，又恰好单身，如果长相又漂亮的话，很容易受到男人的追捧。无论是未婚还是已婚男人，在他们眼里，熟女是可以沟通到上床的女人，且下床之后不会追着自己讨责任。

好笑！

凡是女人，就没有轻易上床的道理。

对于男人来说，在熟女身上讨便宜仿佛天经地义。在他们的意识里，熟女拥有良好的学识，思想自然很开放，甚至开放到拉拉手，感觉到位，就可以开房。

其实，男人不知道，越是聪明的女人，越不可能随便跟一个男人上床。

如果说男人的荷尔蒙是控制不住的，那女人对于性可并非依赖成性。男人是下半身动物，眼里大多时候只看到了性；而女人则用上半身思考，理智多过冲动。

可是，生活中还是有很多类似的麻烦不易解决：面对那些对自己别有用心的男人，如果对方恰好握着某种权力的话，女人拒绝得过于坚决的话，那利益自然就流失掉了——如何学会和色心大发的男人周旋，其实是一门很深的学问。

35岁的燕子是标准熟女，单身正自由，按理说，生活过得应该很惬意，却不料，她一脸苦恼地说："真累啊，不论是在职场还是生活里，总有一些不三不四的男人打着不三不四的主意，以为只要我同意就可以随便上床，赤裸裸的性要求简直让人痛恨！"

更让燕子受不了的是，跟旧时一男同学偶尔相遇后，对方竟然不顾已婚身份，大胆向她表白爱慕之情——对方眼里流露出来的情欲，让她早就看明白了，这哪里是爱慕呀，简直就是该掌掴的色心！

还好，燕子忍住了，她只抛给男同学一个微笑，并答应对方下次再约的请求。一分开，燕子马上就打听到男同学妻子的电话，十分客气地约对方见面，并用尽智慧取得男同学妻子的信任，与其成为了朋友。

接下来的事自然就好办了，男同学一旦有约，燕子只需拉上他的妻子，什么也不用多说，问题迎刃而解。

一个女人能让男人喜欢并迷恋自然是好事，这说明她有魅力，可以接受他的好意和好感。但面对不良男人的不良企图，女人就要学会保护自己，避免和这类男人进一步交往，以断绝他们的色心。

越是成熟的女人，面对不安分的男人，越要懂得周旋，让他渴望却又近不得身，就像挂在架上的葡萄，只让他仰望却不让他吃到。

不做枕边女，只做梦里人，自己活得安全，就让他在梦里想去吧。这是对不良男的拒绝，也是一种宣战：想占老娘便宜，请先掂量一下你的智商吧！

不做枕边伴，只做梦里人，梦得到，吃不到，这是骄傲，也是女人对待暧昧的鲜明姿态。

14. 成全他之前，请先成全自己

某电视剧里，有这么一个桥段：

A女深爱某男，而此男却深爱B女，且不惜以伤害A女为代价一步步靠近B女，付出一切终于赢得B女一笑。

可正当他以为自己靠近了爱情时，B女却轻吐一句："你有房子车子吗？没有，我可不嫁！"只此一句，该男不得不却步，因为他是个彻头彻尾的"小白"。

他铩羽而归时，深爱他的A女却不计一切地来到他的身边，并慷慨地赠给他房子车子，只希望有一天他能爱上自己……可怜的A女付出这么多，所企求的无非只是一份只属于自己的爱情。

这样的电视片断有很多，生活中，这样的例子也有很多。朋友小优就爱上了一个小白男，对方一无所有，她却资产过百万，信心满满地倒追小白男，最后携手成了连理。

所有人都觉得，该小白男得了一个大便宜，不费吹灰之力娶到了一个能干又爱自己的老婆。

却不料，新婚不到一年，小白男就出轨了，先是从小优手里骗钱出去哄小三，然后趁小优坐月子无法管理公司事务时，挪用公款，帮小三买了房子车子……

如此恶劣行径，令人不齿。小优自然更不容忍，跟小白男理论，他竟把无耻当无畏："想当初，可是你死活要嫁我的！"

听见了吧？这就是女人倒贴男人的最无赖的回报。

男人讨论起女人来，总喜欢做总结：对于愿意为自己付出的女人，他们统称为杜十娘；对于自己费尽财力追求到手的女人，他们统称为拜金女。

不言自明，杜十娘是典型的付出型，为了心上人不仅自赎其身，还要自善其身；更主要的是，她们还有帮助男人成功的义务，就算需要为此付出一切，她们也会毫不犹豫。

精明的男人吃准杜十娘的砝码就是：这个女人爱自己！

一个深情的女人总是容易轻信，容易付出，就像杜十娘一样，用一生去赌。

相反，拜金女绝不轻易付出，她们是一只只不见光芒不奔赴目标的飞蛾，绝不会如此轻易地把自己交托出去，更别说为了一个小白男——在拜金女的字典里，没有房子车子的男人，便不是真男人，她们自然会不屑一顾。

所以，想靠近拜金女的男人，必得多多少少表示一下。男人非要得到拜金女的理由也只有一个：这个女人得了我那么多好处，岂能轻易放弃？

能令男人神魂颠倒的女人，必是让男人付出太多精力跟金钱的女人——拜金女败的是男人的精力，拜的是男人的金钱。

由此可见，"杜十娘 vs 拜金女"之间的差别，简直不可同日而语！如非选择一个不可，那就骄傲地选择后者，没什么大不了，拜金总好过被人算计吧？

吃准你会付出，所以杜十娘很失败，最后连性命都没了；吃准他败光他，所以拜金女常得胜，吃香喝辣，风情万种。

男人是容易犯贱的动物，对他越好，他越会认定自己是至高无上的。

打击他的唯一办法，就是大大方方告诉他："你买得起商品房，可你买得起别墅吗？你买得起奥拓，可你买得起奥迪吗？"

别怕打击男人，男人怕的就是没人敲边鼓！别怕失去男人，让男人靠上前来倒贴你，这才是王道！

骄傲的女人，成全他之前，请先成全自己。

15. 骄傲女王的恋爱段位

一直以为爱情是件对等付出的事，却不料，朋友小宣的遭遇让我看明白了：爱情犹如武术竞赛，高段位恋爱是优势，低段位付出是必须。

　　小宣的第一个男朋友 A 是一位出色的海归，家庭背景虽然一般，但工作优越，收入不菲。当漂亮的小宣和优秀的海归男 A 走到一起时，我们都以为接下来应该看到的是天长地久。

　　却不料，恋爱仅半年，小宣便无奈地选择了分手。对此，她的解释是：海归男 A 不喜欢她在爱情上的高调。

　　细追究才知道，原来海归男 A 一直觉得，做普通文员的小宣只是外表漂亮，并没有殷实的家庭背景，不能带给自己更广阔的未来，所以他只是把小宣当成临时过渡，一旦发现更高的梧桐，他势必要扑棱着翅膀飞走。

　　小宣气愤地说："这个男人不带我外出应酬，不让我进他的生活圈，跟他恋爱就像在做贼，小心翼翼地仿佛在偷情。我为他付出一切，他却连个承诺都不肯给我！"

　　有了第一次恋爱失败的经验，小宣第二次选择男朋友时就理智了许多。一年之后，她又接受了一位 B 男的追求。

　　此男虽说职业不及上一任，但家世甚好，祖上有不少产业。对此，很多人都善心地提醒小宣，多金男人不仅要看牢，还要多些耐心。言下之意，就是让小宣多付出，这样才能抓得牢如此好男人。

　　却不料，这次小宣是铁了心的"冷"，不仅常跟我们一帮单身朋友出来疯玩疯闹，经常夜不归宿不说，还时常不接 B 男的电话，搞得对方总是把电话追踪到我们这帮朋友身上，然后可怜兮兮地让我们规劝小宣，说些注意身体之类的情意绵绵的话。

　　相较之下，大家都认同 B 男，觉得他不仅家世好，对小宣的爱也是真的，逢纪念日或节日之时，B男总是送上价格不菲的礼物，常惹得我们妒忌。而B男更招大家喜欢的一件事是，他把小宣的照片放在钱包里，有事没事总喜欢拿出来跟他的朋友海吹。基于这点，大家都劝小宣多爱对方一些。

却不料，小宣一口回绝，她说："恋爱就像武术竞赛，段位高的人才容易获胜，作为女人来说，就应该享受这种高段位的恋爱，让男人对自己神魂颠倒，而不是自己追着男人又哭又闹，这样的战役，打起来才更容易赢。而且，低段位付出的女人就算遭遇失败，伤痕也不会太深，总是容易缓过来。"

经历了两场恋爱的小宣，态度变得天差地别：过去为海归男A付出太多却遭遇冷遇，如今对B男若即若离却被对方痴缠着不放，地位完全逆转。真如她所说，恋爱成了一场武术竞赛，高段位的武者嘲笑着低段位的对手，只因自身修为甚高，深知自己不会轻易失败，所以才更能赢得高调。

在恋爱的竞赛里，低段位付出的一方，总能赢高段位索取的一方，不知这是爱的公平还是不公平，但却成了不是真理的真理。

骄傲女王的恋爱段位，其实很简单：高段位恋爱，低段位付出——不是姑娘自私，只是想为自己多保留一点安全感。如果有缘，还有一辈子可以为爱偿还；如果无缘，也不至于独舐伤口。

这是爱情的尊严，也是女人最起码的傲气。

16. 遇上这种男人，大胆骄傲地甩开

对于女人来说，好男人的标准应该是：对自己有要求，对女人没要求。

可生活中，有太多情形是这样的：男人越来越喜欢围着女人问她的过去，就像一个专业的警讯高手，从学历到情感经历，从家世到社会阅历。总之，他想了解女人的一切。

就像 Ella 一样，作为 28 岁的未婚轻熟女，除了婚姻尚无着落之外，职场经验和社会阅历自然是有的。可是身为女人，情感自然不可能一直处于空窗期，于是她不可避免地开始相亲了。

心知自己年龄不小，Ella 对男人的要求也是一降再降，只求拥有一份真感情。所以，当精英男 H 出现在她面前时，她感觉上天待自己也是不薄。

H 不仅外表斯文，做人也很谦逊，经过两个月的相处，Ella 渐渐对他有了好感。可是，正当她开始接受 H 时，H 却趁双方谙熟之后，开始追问一些"尖锐"问题，比如：

"你家里有几套房子，你父亲单位福利好吗？"

"你工作之后积蓄有多少，想过贷款买房吗？"

"你谈过几次恋爱，过去的男朋友都是做什么的，为什么会

分手？"

从生活现实问题，转化到个人情感隐私，如果说生活问题 Ella 尚可接受，那个人情感隐私她是断然拒绝回应的——两个人之间要看的是将来，何必去在意一个人的过去呢？况且，作为熟男熟女，谁没有那么一两段情感史呢？

可是，H 并不放弃，问不到答案，他会一次又一次地找机会，俨然一个逼供高手，直把这段感情逼到了分手的程度。

后来，Ella 经过多方打听才知道，原来 H 出身农村，对于刚跳出龙门的他来说，自然想找一个家世好的女人来帮衬自己，所以他才想知道 Ella 的家世和收入。

作为曾经有过三次恋爱失败经历的他来说，对于 Ella 的情感经历之所以关心不已，实则是对感情没信心的表现。

Ella 一脸无奈地说："看似很时尚的一个男人，怎么就那么多问题呢？"

其实这很简单，她不过是遇上了一个"口供男"。

"口供男"近来很流行，这类男人一般都挖空心思地想知道女友的某些情况，比如过去的情感史，比如现在的生活状态。一句话，"口供男"很现实，他们既想要女友有最好的现在，还要女友有最清白的过去。

深究原因，实则是"口供男"自身存在很多问题。

一个过分在意女友家世和收入的男人，身后定有一个贫瘠落后的家。从他自己的内心来说，他渴望跳出龙门，从此摆脱"受苦受难"的穷日子，彻底把贫穷带给他的自卑甩出去。

一个过分在意女友过去情感的男人，感情一定受过挫折，对感情没有足够的自信力去把握，所以才更想了解女友的过去。

往更深层讲，一个过分追究女友过去的男人，除了说明他的心理有问题之外，更说明他天生有一种控制欲——他自私、狭隘又固执地认为：做了自己的女友，这个女人就应该完完全全属于自己。

如此看来，得遇这种男人，身为女人，最好的办法就是大声告诉他：姑奶奶打拼江湖多年，怎么可能事无巨细地跟你交代！

所以，遇上这种男人，姑娘就大胆地、骄傲地冲他吼吧：口供男，给我有多远就滚多远！

17. "女为悦己者容"的时代已过去

听起来，女人的脸跟男人的心似乎没有什么可比之处，但细究就会发现，女人的脸和男人的心是极有深意的东西。

每个女人生来都是天使，特别是恋爱伊始，女人喜欢打扮至漂亮示人，正所谓：女为悦己者容。

而男人也一样，他们爱上某个女人，定是心思大动，浪漫到能为女人插上翅膀。

于是，一场郎有情妹有意的爱情以最灿烂的姿势开场，女人在门内心情志忑地描眉画唇，粉擦得一层又一层，香水喷了这里喷那里，直到镜里的人儿娇俏可爱才肯开门。

一直候在门外的男人是那么有耐心，就算手里的玫瑰蔫了，也定不会厌烦，好好先生一个。直到把女人等出家门，这才激动地携了美人离去……

爱情还真是有魔力，让女人美了又美，最后还嫌不够美；让男人等了又等，哪怕等到天荒地老也心甘情愿。

恋爱时的女人说："爱上他，最初就是因为他有耐心，愿意等我。"

恋爱时的男人说："我喜欢她打扮得漂亮一点儿，带出门会有面子。"

于是，一个等，一个被等，看起来似乎很值得。

可是，爱情这东西是有保鲜期的，激情只有那么一段时间。一旦靠近了，得到了，男人会发现，女人其实很普通，曾经白皙的脸蛋上不知何时多了几处雀斑；再离近点看，眼角眉梢都多几许细纹来。

这时候，男人如果修养好点，会在心里埋怨自己：怎么从前就没发现呢？修养不好的，直接就开口这样质问女人："为何欺骗我，这张脸粉擦那么多做什么，简直不忍细看！"

男人一开腔，女人就委屈了，除了争执、哭泣，怕还要说："当初你可没嫌弃过我，如今反咬一口，无非就是得到了，没耐心了呗！"

恋爱后期的女人，容易边哭边控诉："他跟从前完全不一样了，从前我做什么、怎样做，他都是愿意的；可现在他变了，心思完全不在我身上！"

恋爱后期的男人，更是满腹愤懑："刚认识她时，她可爱得让我一天不见想得慌，可一旦靠近才知道，小心眼、爱计较，简直不可理喻！"

他们忘记了，开始时，他爱上的是她的脸，只要自己的女人能够漂漂亮亮地陪自己出门，这便是最大的面子，所以愿意去等。而她在装扮自己的时候，也在考验着男人的心：一个男人是否真爱一个女人，不是非要他去付出多少，只要他愿意多等几分钟，哪怕是一分钟也好。

可是，乾坤易变，没有什么会永远存在——当男人等倦了，女人便开始埋怨；当女人变老变丑了，男人便开始怀疑自己的选择……

有句话说得不无道理：女人的脸不能近看，男人的心不经细究。

女人的脸是男人选择爱情的标尺，正所谓：男人无不好色，色起之心始于女人的外表。男人的心是女人相信爱情的参考，有道是：爱我就要爱我的全部，哪怕我老了、残了。

可惜的是，男人经不起女人脸的考验，女人经不起男人心的改变，所以，世上才有那么多的痴男怨女一直纠结在爱情这个难题里无法自拔。

"女为悦己者容"的时代已过去。

骄傲的女人，为自己漂亮是理所当然，为取悦男人而为难自己着实不可取。所以，骄傲地告诉他吧：本姑娘不伺候了，爱咋咋地！

18. 谁敢剥削女王的爱情

别以为只有封建社会的爱情，才存在剥削与被剥削的关系，即使现在的爱情里，也总有一方是受剥削的。别以为你付出的多，就是人格高尚，在爱情这桩"买卖"里，谁先付出谁就是下家。

曾有一女同事，为人豪爽率真，处事大方得体，正是如花年纪时爱上了一位帅哥。

虽说两人都是普通上班族，没多少物质条件支撑昂贵的浪漫，但该女还是在相识一周年的日子里，送给男方一套价值 3000 元的航船模型套装；后又在对方生日时送上价值不菲的阿玛尼西装；恋爱过程中，还不乏偶尔浪漫地送上小礼物……

爱情很美，存折开始出现赤字，但爱了就是爱了，该女觉得爱一个人就需要全身心付出，一点儿钱又算什么呢？可让人大跌眼镜的是，她正爱得如痴如醉，帅哥却突然提出要分手——理由成千上百，最伤人心的便是那句"我不爱你了"。

直到分手很久之后，该女盘点这场爱情之旅，这才发现，自己不仅在感情上付出太多，金钱更是抛了无数。而那个帅哥，不仅没付出多少，且听说他很快跟一个富家女走到了一起……

该女这才恍然大悟：原来，自己遇上了爱情剥削男！

爱情中的剥削男，剥削的是女人的青春、感情，甚至经济。此等男人，确实可恨——且不说爱情是否纯洁，单说以剥削为乐的这种人性本质，便足以令人唾弃！

然而，在爱情里遇上剥削男，纵然是件受伤之事，却总好过走进婚姻才发现自己嫁错了男人。

雪薇当年嫁人时有些匆忙，因为年龄大了，了解还不够深时便匆匆走进了婚姻殿堂。

起初倒还觉得老公为人尚可，进了这个门却发现，对方着实可恨：新婚刚过便跑出去醉酒不归不说，在自己怀孕的那段日子里，连句关切的话都懒得说。

最要命的是，孩子出生以后，男人不仅不帮她照顾，还经常嫌孩子哭声大了影响他休息。

最让雪薇受不了的是，孩子刚满月时，她妈妈病了，她不得不腾出手来一边照顾孩子，一边跑回娘家看母亲。而男人却待在家里乐得清闲，仿佛这一切与他不相干……

发生如此多的事情之后，雪薇对这个男人越来越失望，虽说他在外面从不拈花惹草，但面对这样一个"三不管"的男人，她还是感到了莫大的绝望。

离婚日程被提上来时，因为顾及孩子年幼，雪薇本想再给对方一个机会，却不料，对方撂下一句："我在家都是我妈照顾我，有什么错？"这让她感觉可悲又可笑，她这才看明白，自己嫁的男人还没断奶，是一个典型的婚姻剥削男。

婚姻中的剥削男，剥削的不仅有女人的感情、精力，还有耐心和修养，这样的婚姻就算能坚持下去，也一定不幸福。

婚内剥削的男人，必是不懂真爱、不懂体己的，不要指望他有一日良心发现便乾坤扭转——有些剥削永远不会还你公平。

聪明女人要及早发现剥削男，恋爱开始时先让他付出，就算爱至无果，至少自己还有所保留；不幸遇上婚姻剥削男，就一定要揭竿而起，告诉他：爱是相互的，付出也需要对等。

男人娶回家来的，是需要你一生一世照顾的女人，而不是朝朝暮暮来伺候你的保姆。

骄傲的女人，会踢走爱情里的剥削男。

骄傲的女王，会改造婚姻里的剥削男。

谁敢剥削女王的爱情，女王一定会让他双倍奉还。

19. 女王爱情宣言：走开，绝口不提婚姻的男人

安冉是在同学聚会快结束的时候，听到许利达如下一番话的：

"唉，还说什么呢？在一起六年，激情没了，爱情没了，还要时常不断地争执，真累啊！能跟她说分手吗？不能，她给了我六年的青春，我还不起这份情债。可真要跟她结婚吗？我不敢，怕了她的性子，怕跟她再过下去。没办法，拖呗，什么时候她挨不住先开口，那我就算解脱了。"

安冉有一分钟的失神，她不相信这个跟自己生活了近六年的男人，对自己竟然一丁点儿的感觉也没有了，甚至当着大学同学的面说这番无奈话，仿佛是自己拖累了他似的。

毋庸置疑，女人陪男人走过了坎坷，吃过很多苦。但现在的情况是，与你一起奋斗打拼的男人不爱你了，正安静地等待你提出分手呢，人家说得好听：等你先开口。

如果我是安冉，一定会毫不犹豫地泼对方一身红酒。他身上那件昂贵的七匹狼西服曾花掉你半个月的薪水，该给他毁掉——让他不仅失去你这个人，还失去你给他购置的任何一样物品。

当然，他送你的小玩偶、小饰物，你也统统给他扔回去——背上自己的东西，坚决分手！让你身后发愣的男人在几秒钟之内就失去保姆，失去照料，同时告诉他：就此别过吧，我的青春我买单，用不着你来计得失！

分手之于男女，都是一件难以开口的事情。

男人所谓的不先开口，不是他们心念旧情，更不是他们心怀仁慈，怕你出了这个门便再无去处——实则是，他们怕负那份早该负的责任。他们不给你婚姻，只给你无尽的等待，玩沉默的同时，他们其实还在玩弄你可贵的青春。

一旦你先提出分手，他们表面上无比凄然，甚至还会表演一番，会泪流满面地关心你未来的幸福——千万别为这表演而感动，此时他们的心里早就乐开了花，甚至巴不得你早些离开。

旧爱前脚走，新人后脚进。这绝对不是神话，而是血淋淋的事实。

有不少男人会反驳说：哪里，这是我们的修养好，一直容忍你们女人呢。

请冷笑。

真正修养好的男人，不会只给奢侈的衣食，却不给女人婚姻的承诺。

如果男人真的修养好，势必会认真地算计一下身价，然后小心翼翼地将你娶进门。他手上的金钥匙是否让你来保管，这些不重要——重要的是，他舍得娶你。

懂得给婚姻的男人，他们想要的是你的下半生；反之，一直开空头支票的男人，想要的只是你的青春。青春一过，对不起，他早开始为自己打算了。

如果是人去楼空，从此杳杳无归期的男人，那也好了，流过泪之后你会明白，应该重新开始了。就怕那些不明说分手又跟你一直纠缠下去的男人，他们不仅想要你的青春，还想要你的幸福——听好了，是将你的幸福拿去，而不给你幸福。

所以，姑娘，别再傻呵呵地等待下去了，跟你交往多年却不开口说娶你，这样的男人还是早早休了的好。

男人之于分手，永远不会太过洒脱，他们考虑更多的，是自己的面子和虚荣。而女人之于分手，永远只有一个原因，那就是：你给不了我想要的幸福。

幸福之于女人是什么？是婚姻，完美的婚姻。

如果你身边有这么一个男人，绝口不提婚姻，那就赶紧让他走开——离开不给你婚姻的那个男人，其实是在成全女人自己。毕竟，青春经不起等待。

所以，女人有多骄傲就多骄傲地告诉他：不谈婚姻，还谈什么恋爱？

走开！绝口不提婚姻的男人，本姑娘还有大把人来追求，凭什么为你浪费青春？

第二卷：生活中的女王都是"三强心"

强者的"强"在于心。而女人的强，是一种涵养，一种领悟，是对生活的热爱，对命运的把握和坚守。

1. 女王"三强心"：心情，心得，心境

每个人的一生，都要经历无数次磨砺，女人一生面对的考验和变数尤其多。

考验重重，我们不能因为没有掌声就怀疑一直坚持的梦想；变数伤人，我们也不能因为几句流言就忘了前行。我们不期望成为任何人的榜样，只希望自己能够多给自己一些力量。

坚强的女人不是不哭，而是哭完了，依然不认输。这就是生活赋予女人的心情。

好心情是好生活的源泉，而女人的好心情大多来自情感上的满足。我们需要好的情感，需要被认同和接纳——情感有共鸣的那种欢愉，是任何物质都替代不了的。

但是，女人偶尔也会受伤，比如恋人劈腿、婚姻破碎、朋友反目、家人失和——总有那么一两次伤，能让女人跌倒之后半天爬不起来。身心俱痛的日子仿佛拉长了时光，忧伤如同泥潭，总是越陷越深，几经挣扎，几经沉浮，岁月的洗涤终于让我们看透一切风景，心情这才轻缓，也终于学会了放下。

放眼人生路，有时候，得到就是比失去多，学会了珍惜，这就是成长。这种成长也叫心得，是曾经的那些伤痛馈赠给你的礼物。

心就像小树苗，伤一次，便成长一分；痛一次，便成熟一分。曾经，那些自以为今生都难以原谅的伤痛，竟成了这棵小树苗最好的养料，慢慢长大，直至某天突然发现，纵然内心压着千斤重石，表面却依然淡定自若。

然后，所有人都会说你成熟了。其实他们不知道，这是女人被生活打磨之后收获的一种心境。

不论生活给予了你什么，能够坦然接受，这是勇敢，也是豁达的心境。

女人的心境，常常表现在外表的优雅上。越优雅的女人，心境越是平和，她不是没有经过风吹雨打，而是已然知道风雨之后必有彩虹——事缓则圆，人贵语迟。眼下安好，便是晴天。

拥有这种心境的女人，是成熟，也是豁达，更是睿智。

能够在生活中保持心情平和，静看世态，多收获几分心得，练就豁达的心境，如此，便是最好的一生——拥有"心情，心得，心境"这三强心的女人，便是最从容的女人。

拥有"三强心"的女人，平和，坚定，优雅，收获美好时，也不会忘记当初裂变的疼痛。

塑造自己犹如化蛹成蝶，过程很疼，但这是人生，也是成长。始终相信，路，不管是平顺还是崎岖，都有不得不跋涉的理由。

始终骄傲，女人，不管是贫穷还是富有，能够自己掌控命运，你就是女王。

2. 遇事第一时间弄明白，你想要的是什么

人们通常认为，女人更容易慌乱，而男人似乎更显沉稳。

但是，一个心存骄傲的女人，有本事骄傲，就一定有本事坚强。

安娜曾经是整个 CBD 商区的励志榜样，凡走进这座 CBD 大楼的人，说起安娜，几乎都是惊叹和折服的。

安娜毕业于三本学校，当年为了留在北京，愣是投了上千份简历。然而，北京最不缺的就是人才，况且她这种条件的女生，随便一抓就是一大把。

最后，被现实逼急了的安娜自己跑进一家 4A 公司自荐。尽管专业对口，却无奈没有工作经验，她被拒绝也在情理之中。

可是，安娜不服，每天按点到人事部长面前报道，拿着公司之前的广告不停地阐述自己的观点。最后，人事部长无奈地找来设计总监理论。

没想到，安娜的观点引起设计总监的注意，于是她成了本公司唯一一个没有工作经验就被特招入职的员工。

有人问起安娜，是否害怕被拒绝或侮辱？

安娜说："我就是想进这家 4A 公司，没想别的。"

当然，进了公司也不等于万事皆安，首要问题就是：她能否拿出像样的作品。

刚开始，也许对她的能力并不是很看好，上司总是分一些无谓轻重的活儿给她，比如跑跑腿、拿拿文件。

安娜自然不满足，主动请缨。

上司被她缠过数次之后，试着将一些小客户的广告交给她，没想到她却直接说，要参与国际广告的设计。上司不愿意，安娜就拿着自己的设计跑去找总监。

当别人在身后议论她跟总监的关系是否正常时，安娜的广告创意竟然成了客户的"心头好"！

安娜成了公司一鸣惊人的黑马，薪水自然水涨船高。月底，她拿出大半工资请所有同事吃饭，被同事问及哪来的勇气，敢跟国际广告叫板。

安娜想了想说："我就是想知道自己的水平到底怎么样。"

当然，世上没有永远的一帆风顺，安娜再像"打不死的小强"，也总有遇上撒手锏的时候。

国际广告合作之后，有客户点名让安娜来做设计。

没想到这一次安娜出了错，因为错估了产品消费群，广告出来之后不仅没有效果，还被消费者投诉说是在误导他们。

为此，客户还到公司来闹过。

双重打击之下，安娜被上司批评，被总监惋惜，说她是一落千丈也不为过。有好心的同事想要安慰她，却不料，她竟然精神抖擞地投考了研究生，被录取之后还一脸骄傲地请大家为自己庆祝。

有人问安娜，不管是逆境还是顺境，总能看到你如此灿烂，怎样才能保持如此好的心境？

安娜说："就是觉得是时候再学点东西了，没那么多理由。"

当然，如果安娜就此去读书，或是回来再继续工作，倒也称不上什么传奇——传奇的是，就在她要走的前一天，设计总监给她打了一个电话，把一个国际广告设计大赛的消息透露给了她。

安娜心动了，延迟了上学日期，连夜开始赶制广告。在总监的帮助下，她成功进入了复赛。一个月后，大赛结果公布，安娜拿下了设计大赛的金奖。

媒体记者几乎踏破了公司的门槛，他们都想见见安娜这个初出茅庐的广告界宠儿，客户更是点名让安娜来为自己的公司做设计——没想到安娜却悄悄躲进校园，开始了半工半读的研究生生活。

知情者替安娜惋惜，认为她应该趁金奖余温多拿几个大单，赚下人生第一桶金。

安娜却骄傲地说："我知道自己最想要的是什么。"

安娜的传奇故事引人思考：

什么样的女人才是最好的：知道在什么时候该做什么样的事。

什么样的女人才是最聪明的：明白什么场合该进，什么场合该退。

什么样的女人才是值得骄傲的：永远知道下一秒自己该做什么。

不管是顺境还是逆境，遇事第一时间所要想的，就是此刻你认为最值得和应该做的是什么，然后再大胆地迎上去，不管结果如何，只要自己认为是对的，就勇敢去坚持——如此，才能不慌乱，才是最从容。

3. 疯狂的事，只做一次就好

敢疯狂，莫如青春。

敢疯狂，莫如爱情。

女人对于爱情的热情，是无法用语言来表达的——爱如火般炽热，飞蛾扑火般壮烈，不管他人怎么看，怎么说。

Monica 曾经是众人眼中的天之骄女，父母都是公务员，上好家世注定她的人生之路也多为坦途。更让人羡慕的是，她在学业上也很突出，考进了一本，读了研，之后进入某央企，可谓顺风顺水。

然而，老天是公平的，它总会设一些沟沟坎坎让每个人的人生充满未知和挑战。Monica 的挑战来自爱情。

其实一直有人追 Monica，那些追求者不管是职业还是家世都和她极相配。然而，太相似的人生没有吸引力，对于那些追求者，Monica 始终没有兴趣。最终在 30 岁那年，她还是被老妈强逼，和一家科研机构的学者开始了中规中矩的恋爱。

学者斯斯文文，约会时除了喝咖啡就是看电影。

透过静态中的两个剪影，Monica 仿佛看到了老年以后的自己，听着音乐做着家务，各自在书房戴着老花镜看书读报。就算出去旅行，也必是在山青水秀的地方坐一坐，谈谈心，这一生也就云淡风轻地过去了……

显然，这不是 Monica 想要的生活。可是，究竟怎样的生活才是她想要的，就连她自己也不知道——直到遇上阿九。

阿九是 Monica 的一个云南网友。想去云南旅行的 Monica，特意加了几个当地的网友，本来想要咨询一下如何出行，没想到聊着聊着话就多了，阿九说愿意做她的免费导游。Monica 问阿九是否是真名，阿九说他在家中排行老九，自然是真的。

Monica 感慨云南人真能生养，也指不定把日子过成了什么样子。带着这样的好奇，她当真去了云南，也见到了阿九。

没想到，一见面 Monica 就被阿九逗乐了。

原来，阿九家只有姐弟两人，之所以排行老九，是因为他把家里的牛、狗、鸡，还有两只去世的小鸟都排上了辈分，这才排出了老九。

Monica 笑个不停。阿九为人也热情，带她一路前行，走在山山水水间。阿九的朴实和活力，让 Monica 突然产生了异样的感觉：眼前的溪水山径，毫无心机的阿九，还有他那不时蹦出来的幽默笑话，这都是她想要的生活啊！

阿九从 Monica 的眼睛里读出了情意，心生好感的他主动表白了，她却并未点头。在都市中被繁文缛节束缚久了，想要逃出牢笼，总也需要思忖和衡量的。

从云南回来之后，Monica 的心境变了，不想跟男朋友约会，不喜欢车水马龙的喧哗，越来越想念风趣的阿九和那云南小寨里的宁静。而阿九也一直未放弃对她的追求，无时无刻不在联络着她。

一种叫思念的情愫让两人越发分不开，Monica 终于向父母坦诚，要跟男朋友分手，父母劝也劝不住。

高智商的学者男友也早就有所察觉，对于分手似乎倒也能接受，唯一遗憾的是，败给一个云南土小子，他不服。

Monica 告诉他，爱情是件让人疯狂的事，她是真的爱上了。学者这才止住了追问。

爱情，就是这么有力量，能打败一切的质疑和否定。

当然，想跟阿九在一起，父母那关是过不去的，首要问题就是：只有初中文凭的阿九，到大都市来能做什么？

Monica 已经被爱情迷了眼，尽管职业稳定得让人羡慕，可她还是义无反顾地做出了决定：去云南。

去云南就意味着放弃工作，放弃工作对于一个 30 岁的女人来说，是一件多么冒险的事，可是她已经顾不上了。

父母伤心欲绝。

Monica 却宣称：为了爱情，再不疯狂就老了。就在这时，单位一个女同事的老公出轨，闹得人尽皆知，这让 Monica 更加坚定了辞职去云南的决心。她认为，只有云南那种地方，只有阿九那样的男人，才配有一生一世的忠贞和幸福。

Monica 当真去了云南，疯狂地奔赴阿九去了。她以为自此就会过上"面朝大海，春暖花开"的幸福小日子，却不料，她根本没过上王子公主般的幸福生活，现实是——

俩人相处了不到 3 个月，Monica 就受不了阿九身上的各种毛病：生活中不喜欢洗脸刷牙，为人处世最喜欢跟人四处攀交情。最要命的是，阿九只靠着为人做导游赚点小费，收入很不稳定，两人熟悉之后还会伸手向 Monica 讨钱花。

一切都背向而驰，和 Monica 预期的幸福南辕北辙，而压倒这种疯狂的最后一根稻草是：她病了，重感冒，在家里就算不打吊针，至少也要去医院验个血，看看是否有炎症之类的。可是阿九却按着土方子，用几根树枝熬成了汤，逼她喝了下去，结果差点要了她的命……

Monica 是逃回来的。当初是奔赴爱情，如今是逃命回家。更大的落差是，工作没了，男朋友丢了，以后自己该往哪里走都是未知数。

为爱奔赴的女人，需要勇气，更需要一份傻气。但是，再傻也不能傻到连后路都断了——无论何时，都要给自己留条后路，因为爱情比人生还要无常。

疯狂的事，只做一次就好。

醉一次酒，便知道了：酒精能麻醉痛苦，却麻醉不了伤痕。

打一次架，便明白了：拳头痛快了，心灵却会留下永久的忏悔。

爱错一个人，便懂得了：爱得不值得，却错得值得，知道明天的路何去何从，这就够了。

所谓为爱疯狂的事，一生一次，就好。

4. 定个目标，让它早上叫醒你

从小到大，我们最常听的话就是，做人要有目标。

就像万达董事长王健林放出的信号一样：先定一个能达到的小目标，比方说我先挣它一个亿。

这话说得太过梦想，做个梦，想想也就罢了。

身为女人，我们的目标可以是一份收入优渥的工作，可以是一场期待已久的爱情，也可以是为家庭或自己添置一件早就相中的物品。

目标不在于大小，而在于是否想要。

小米是个热情的姑娘，参加工作两年多。

她之前是"月光族"，后来见不少女同事暗中都购置了房产，不免惊讶，细打听之下才知，受"新婚姻法"的影响，女人开始为婚姻留后路了——趁着婚前把钱花掉，免得以后落个人财两空，谁叫当下的感情如此靠不住呢！

全是眼泪，却也全是道理。小米在女同事的影响下，也开始考虑房产的事。可是少则几十万，多则数百万的房子，可不像一套化妆品——再高档，不过积攒两个月工资就可以拿到手，仅房子的首付就足以让小米却步。

当然，小米的一切逃不过父母的眼睛。

想到女儿如此有志气，父母惊喜至极，表示全力支持，还愿意拿出首付——表面上看，他们是想让女儿成为有房一族，真实目的其实是，想让女儿学会过日子，别再到处乱花钱。这也算是可怜天下父母心。

最终，小米当真买了套小公寓，还是精装的，两年后交房。当然，房贷从签合同那一刻起，就要小米负担了。

自从买了房，小米再舍不得胡乱花钱，起初两个月还拿着计算器将薪水分成一二三四份：大头交房贷，小头讨生活，衣服和化妆品已经压缩到 3 个月购一次，不可谓不艰辛。

但是，一年之后，慢慢习惯这种日子的小米，竟然生出些许骄傲和感慨来：和同学聚会，她可以骄傲地说自己的房子怎样怎样，惹得一干无产阶级也心生羡慕；而感慨则是，有了房贷的压力之后，她觉得自己突然长大了，会过日子了——每天睁开眼，就觉得必须好好工作，好好攒钱，好好活着。

其实，小米的这些感慨，表面上看是因为房子，实质是她活得越来越有目标了，那就是精打细算，早一天还完房贷。

有目标的人，活得就实在。有目标的女人，活得很充实。

所以，你看，每天喊着钱不够花，不知道做点啥的人，如果给自己定个目标，生活是不是就不一样了呢？

想要房子，就精打细算。

想要车子，就要学会按月储蓄。

想要幸福，就要懂得每天经营一点浪漫。

想要人生更有意义，就学会每天定一个目标，让它早上叫醒你，让你为它充满斗志，努力去实现它。

试想一下，如果每天叫醒你的不是闹钟，而是梦想，生活会不会就不一样了？

回答王健林的那句话，就算定一个亿的目标，每天都努力一点，也不是不可能的！

姑娘就是这么骄傲，因为我有目标。

5. 控制情绪，就是最好的涵养

情绪是最难掌控的东西，每个人都一样。这就是我们所说的，连老实人都有脾气的原因。

作为当代新女性，面对职场、情感以及生活的多重磨砺，她们所承受的压力可想而知，所以就难免会有情绪失控的时候。

有不少女生会说，在职场上尽量控制，在爱人面前就不必了吧？那样活得多累呀。

筱芸也曾是这样说的。25岁那年，她把一位客户变成了男朋友——对方身价不菲，长得又很阳光，可谓是高富帅一枚，这让她身边的小姐妹无比羡慕。

最难得的是，男朋友对筱芸十分宠溺，从来都是她说什么就是什么。开始的时候，筱芸还会跟对方客气几句，慢慢地接受了这种宠爱之后，习惯成自然，人也变得任性起来，经常会冲男朋友发脾气。

有一次，两人去逛街，筱芸刚看中一款包包，男朋友前脚付款，她后脚就反悔了，非要把这个包退掉，再买另一款式的。

账都结了，质量也没问题，退货自然没有那么容易，最后竟然跟售货员吵上了。男朋友只好不差钱地说全买了，这才让筱芸顺了心。

还有一次，闺密们难得都带着男朋友一起聚会，大家说好了AA制，为了显示自己男朋友是名副其实的高富帅，筱芸抢着付账，争得人都拍了桌子。表面上，大家喊她款姐，散开后，私下里都觉得她太作，完全不顾及男朋友的面子。

好在男朋友是个极能忍的人，两人倒也相安无事地过了小半年的甜蜜日子。筱芸急着到男朋友家去看望老人，想把婚事早点定下来，男朋友自然应允。却不料，饭都没吃完，筱芸就被男友妈妈赶了出来，起因是：筱芸不懂得尊重家里的保姆。

原来，保姆已经在男朋友家服务了十多年，在男友妈妈眼里，就跟亲人一样的。这样的人物在筱芸看来却是个下人，她一进门就嚷着让保姆帮自己提包拿鞋。

最不能让男友妈妈忍受的是，保姆忙活半天准备出来的七荤八素，在筱芸看来完全就是在敷衍自己，不是嫌醋多了，就是嫌油水少了。男友妈妈终于忍无可忍，下了逐客令。

筱芸当时就急了，想跟男友妈妈吵，又怕得罪人家，可是控制不住情绪——委屈和不甘让她把火发到了男朋友身上，她一边责备男朋友，一边哭……

这下更把男友妈妈惹急了，认定她将来不是个懂得疼老公的女人，当即放出狠话，让儿子在老妈和女朋友之间做选择。

男友妈妈下手真是快准狠，把筱芸吓得当即就把眼泪收了回去，但是事情已然无可挽回，加上男朋友对筱芸的任性也早就有了抵触心理，母亲的极力反对仿佛给了他某种力量，加速了他说分手的念头。

一桩大好姻缘，让筱芸给"作"没了。

在筱芸看来，自己不过就是任性了一些，经常发点小脾气，控制不好情绪——自己的内心还是善良的，男朋友凭什么如此坚决地要分手呢？

其实，她不明白，女孩子过分的任性在别人看来就是没教养。经常发脾气而不懂得控制情绪，说得好听点叫作，说得难听点，就是缺少涵养。

控制情绪，就是最好的涵养。

一个能控制情绪的女人，就是有涵养的女人。

任性有度，情绪有节制，是对别人的一种尊重，这样也才能获得别人的尊重。

6. 孤独时，请骄傲地为自己打开另一扇窗

巴尔扎克说，在各种孤独中间，人最怕的是精神上的孤独。

从内心来讲，每个人都是孤独的，就算有枕边人日夜相陪，心湖偶尔也会泛点失落的小涟漪。特别是对情感更为丰富的女人来说，孤独是一种挥之不去的情愫，如影随形；特别是对感情生活空白的女人来说，越优秀，越孤独。

Ann 来自陕北，只身到北京来打拼。她是独居状态，朝九晚五，标准的小白领，经常加班，偶尔放纵，酒友多过朋友，有时候也跟网友玩自驾游，有时候也会邀请朋友来家小聚。

当然，这样的日子过久了，人也就倦了，而且年龄大了，朋友们开始三三两两恋爱或成家了，一直向往却得不到爱情的 Ann，只好一个人宅在家里，成了名副其实的宅女。

或许是之前热闹惯了，突然宅起来的时候，Ann 有一种被全世界都抛弃的感觉，拿着电话却不知道打给谁——怕这个朋友在约会，怕那个朋友在旅行，打给谁都觉得不妥。

她只好一个人吃了睡，睡了吃。体重飙升后，又开始饿着肚子减肥，如此循环。

孤独的 Ann 渐渐觉得生活很无趣，于是拼命地加班，希望借工

作来消遣寂寞。却不料，公司不太景气也没那么多事情可做，她觉得自己像个被抛弃的婴儿，无助极了。

这期间，有朋友热心地介绍男朋友给 Ann 认识，可是她天生倔强，一看没眼缘的人，就不喜欢勉强跟人家去恋爱——她认为那是一种欺骗。

Ann 活在孤独的包围中，吃零食，看片，网购，每天只是玩手机和电脑。跟网较劲久了，突然发现自己跟整个世界隔绝了，以前盼望的周末双休，如今也成了噩梦，睁开眼睛有种不知何去何从的无奈感。

一个无聊的周末，她顺手在纸上画了几笔，脑子里突然闪起一道光，想起小时候喜欢画画的梦想，于是决定报个绘画班。

孤独中的 Ann，像找到了一条通往热闹生活的罗马大道，急切地找了一家绘画班，报了名，开始上课。

兴趣让她专心致志了，曾经的孤独也变成了心无旁骛，在几十人的绘画班里，她的成绩竟然一直领先，两个月后还被老师推荐参加了业余彩绘比赛。虽然她得了第三名，但老师说这是他教过的学生中成绩最好的一次。

Ann 的自信心瞬间爆棚，她开始把所有时间都花在了绘画上。一年后，她的作品竟然被一家杂志社相中，于是成为签约插画师。这除了让她有事做，更给她带来了固定的经济收入。

雨果说，孤独可以使人能干，也可以使人笨拙。Ann 完美地阐释了这句话。

女人，处于单身状态时，见到身旁的人恋爱或结婚，除了羡慕就是着急，有不少人甚至会试着跟不喜欢、不欣赏的人去相处，期望能够日久生情，只因为害怕孤独——然而她们却忘了，在孤独时要为自己打开另一扇窗。

Ann 无疑是骄傲的，因为她为自己找到并打开了这扇窗。更值得骄傲的是，Ann 在绘画班还恋爱了，对方是跟她一样的"孤独症"患者——共同的心路历程让两人相互理解，一拍即合。

看吧，骄傲的女人，总是能收获让人骄傲的幸福。

在独处的时光，守住孤独，其实并不可耻。最深的孤独不是一个人存在，而是内心失去了梦想。所以，孤独时，请骄傲地为自己打开另一扇窗，这样必有收获。

7. 保留你的感恩之心

感恩之心，人皆有之。感恩之人，世皆敬之。

怀着感恩之心对待别人，让别人快乐，自己也会快乐。生活在感恩之中，才是真正的幸福和美满。

对于女人来说，以感恩之心对待这个世界，是善良，也是人生中的一种修行。

小语刚从大学毕业入社会，青葱年华，天真烂漫，每天都是春风拂面，总给人一副笑模样。曾有好事者不停追问：为何如此快乐？

小语说："每个人对自己都那么好，有什么理由不快乐？"这话让知情人听得倒吸了一口凉气。

谁都知道，小语的日子并不好过。

初入职场，新人受点打击或是欺负，虽算常情，可是小语刚刚啃下来的难缠客户，被一名老员工抢走不说，连她的工资都被小会计算错——单位同事知情的，哪个不可怜她？还有人扬言说，现在的女生都生猛，说不定小语会大打出手呢。

却不料，小语和老员工依然走得很近，还经常抱着不懂的资料问东问西。还有人看到，中午时小语还多打了一份饭带给加班的小会计。

这就叫人纳闷了，好事者又拉着她问："就不觉得委屈吗？"

小语想了想，笑了，反问对方："我有什么委屈的？老员工表面上抢了我的客户，可是现在我有不懂的业务还是要请教他，他教得很认真，我是赚了的呀。还有，小会计少算了一点儿工资不假，但是下个月就会补给我，而且答应我以后会认真核对，我也没有什么损失呀……"

众人都佩服小语，年纪轻，城府深。小语却不多做解释，依然故我地跟老员工和小会计来往着。

直到后来的一天，众人发现，小语成了老员工的知音，成了小会计的闺密——老员工愿意拿出手里的客户来分给小语，小会计经常会瞒着大家把小语的提成和佣金及时结算。

这个时候大家才惊呼：小语这个女人不可小觑。

对于这样的评价，小语不解释，可是老员工和小会计却有话说。

老员工说，小语的忍让使自己赧颜，上次抢大客户的事想起来就觉得亏欠小语，而小语一直说自己教她学过东西，始终感激并尊重他，这份信任让他愿意多帮助小语。

小会计则说，算错工资那个月是因为自己刚来，不了解情况，如果不是小语包容，怕早就被公司开除了，她感激小语。而小语更感激她，因为小语说，小会计少算了的那部分，下个月正好可以拿来贴补房租。这份豁达，让小会计难忘。

听到两位同事如此厚爱自己，小语又笑了，她说："我只是换了种思路，感恩地看待每一个帮助过自己的人而已——是对手就感恩他让自己成长，是朋友更要感恩他帮了自己的忙。"

小语的这份豁达，也让她收获了一份不一样的爱情。

有人说，最好的爱情就是只跟一个人谈恋爱，从初恋走进婚姻，一生一世。小语的爱情是初恋，却谈出了问题：男朋友劈腿后，他们分过手。

分手让小语很难过，但是面对他人的质询，小语总是护着男友说，是自己不够好男朋友才离开的。

这话传进男朋友的耳朵里，他不免伤感，加上跟新人也相处不来，他于是慧剑斩情丝，在两个月后又回到了小语身边。

男朋友问小语："为何不恨我？"小语说："想起你在雪天为我送热水，在雨夜为我打伞，我就觉得当初的美好是真的，就很感激你那样深地爱过我——既然爱过，为何要怨恨呢？"

小语的感恩之心，打动了男朋友，男朋友发誓再不会离开她，两人终于回到原点，完美地继续着他们的爱情。

对于朋友也一样，小语总是以感恩之心来对待，多年老友就算批评她骂她，她也总是笑呵呵地说："我知道你是为我好，说啥我也不生气。"一句话便让老友对她又爱又怜。

这就是小语，无比美好的一个女生，透着圣洁，活得简单，用她的感恩之心对待着身边的每一个人，也感动着每一个人——她对我们报以微笑，我们又怎舍得冷眼相对？她对我们总是忍让，我们又怎么可能处处相逼？

感恩之心是相互的，犹如感情，来来往往间，才见天长地久。

所以，再骄傲的女人，也请保留一颗感恩之心——感恩所有亲朋好友，每个对手，哪怕是路人也要给他一个微笑，相信他也会还你一缕春风的。

8. 你不勇敢，没人替你坚强

2016年最打动人的一部纪录片叫《人间世》，它真实地记录了面临生老病死时人最真实的需求和态度。

其中，有一位孕妇叫张丽君，26岁，新婚，怀孕5个月的时候，查出患上了最恶的一种胰腺癌。

面对家人"去小保大"的恳请，张丽君断然拒绝。

母亲的天性和伟大的母爱让她选择了面对：面对已经在自己身

上生根发芽的癌细胞，面对这个即将到来的小生命——她想要健康，更想要生下这个孩子。

面对镜头，这个漂亮的女人更多时候笑中带泪。她说这就是命，不认也得认，既然认了，那就笑着面对，笑着离开，干吗要哭呢，哭也解决不了问题。

张丽君为了孩子，总是勉强自己的胃，明明吃不下饭，却还是坚持吃，明明可以先化疗以遏制病情，却坚持要等孩子生下来再做，她觉得这是一个母亲应该做的。可是我们都知道，她不过才 26 岁，在父母眼里，她也只是一个需要呵护的孩子。

张丽君的勇敢打动了医护人员，在怀孕 7 个月的时候，医生为她提前做了剖腹产，保住了孩子。

而张丽君在孩子生下来之后，当即被推进了手术室。进手术室前一刻，她让老公再抱抱她。深知她的病情无法好转的老公，知道这是生与死的边缘，忍不住哭了。张丽君却安慰他，不要哭，自己一定会好起来，一定会。

她说："我要坚强，不然的话，我哭，所有人都要跟着我哭。"这句话让多少观众也跟着流起了眼泪。

坚强的女人最值得尊重。

在病痛中勇敢，在生死抉择面前选择坚强面对。这样的女人，我们又有什么理由不祝福她呢？

你不勇敢，没有人替你坚强。

事到临头，能抵住困难的那股力量，只能源自你的内心。

当下女性，总有这样那样的抱怨，认为职场不公，生活不顺，感情不单纯，却忘了种种坎坷的背后，你可曾勇敢地去解决，坚强地去面对过？

职场不公，我们要学会去沟通，争取把问题全方位解决，所谓的心机和尔虞我诈，其实最不堪真诚的一击。

生活不顺，是不是我们追求得过于烦琐？物质，品味，攀比，叫嚣，如果能简单点，能放下点，生活会不会是另一番模样？

感情从来就不单纯，抛开眼下的各种诱惑，试着问问自己的心：选择这段感情之初，你的动机是否单纯？

所有爱情都是有条件的，不管是爱上他的帅，还是他的才，都不及爱上他的真、他的人来得实在。

生活充满磨难，你不真诚，没人付你真心。

人生充满挑战，你不勇敢，没人替你坚强。

9. 别相信"得不到"和"已失去"，善待现在

女人内心柔软，注定多感伤，面对感情，尤其非常容易陷进回忆的泥潭。

相较于男人，旧的感情哪怕伤痕再深，只要有新感情出现，他们立马会放下过去。可是，对于女人来说，就算过去的感情再不济，也总是会拿它来跟新感情做对比。

菲儿和初恋男友在毕业季分手了。4年大学时光，有三年半两人是朝夕相处的，除了晚上各回寝室时才互道晚安之外，上课，吃饭，游玩，他们都是黏在一起的。

男朋友长得高大，人又体贴，每天都会将饭打好，送到菲儿面前——她对红烧肉情有独钟，男朋友可以把其中的肉单独挑出来；上体育课，菲儿不想跑步，运动型男友为了陪她跑完全程，宁可让自己的名次排倒数；考试失利，菲儿心里有气，男朋友握着她的手挥动着打自己，甘愿当她的人肉沙包……

连体婴儿一样的时光随着毕业季的到来，结束了。菲儿还在纠结是去是留时，提前一步在老家找到工作的男朋友却突然说要分手。

男朋友的分手理由是：一南一北，很难融合。理由牵强得让菲儿怀疑：这还是那个爱了自己3年的恋人吗？

可是，分手是事实，男朋友很决绝，换了所有通讯方式，手机停机，QQ和微信关闭，就连博客也全部删除——人去楼空的决绝让菲儿伤心欲绝，她买醉，颓废，甚至自残，刚找的新工作也因此丢掉了。

所幸的是，同事大伟对菲儿一直照顾有加，每天都要跑到她这边来看看，阻止她喝酒；心疼她因为自残留下来的玻璃划痕，特意买了疤痕膏；怕她还是想不开，索性请了长假陪她去旅行……

认识菲儿的朋友都说，她找到了一个更好的男人。可是，菲儿却总是拿大伟和前男友作比较。

菲儿说，大伟比前男友矮了至少10公分，大伟的嗓音没有前男友洪亮，大伟的家庭条件不如前男友。最让她受不了的是，大伟说白肉营养胜过红肉，总是强迫她多吃再多吃……

不比较倒好，比较起来，大伟哪儿都不如前男友。

明眼人劝菲儿，过去的就放下吧。

菲儿却坚决地表示，得不到的才是最好的。她的心思，大伟并非不明白，他也想过用时间来证明自己，也想过让时光来磨平她心头的伤，可最终他还是选择了离开。

起因是，在菲儿的生日那天，大伟本意是想让她高兴一下，请了所有朋友来一起庆祝，没想到喝多了的菲儿竟然说起前男友的种种好来，大伟面子上挂不住，当场宣布了分手。

菲儿自由了，一切又是新的。

可是，她却再次陷入了对大伟的回忆中。她觉得大伟其实也不错，虽然矮，但是脾气好；条件一般，不过人很努力；总是怕自己营养跟不上，想方设法做好吃的，让自己补身体……也只有想到这些，菲儿才觉得，相比较得不到的前男友，刚失去的大伟其实更适合托付终身。

有人劝菲儿回头，她也不是没想过，只是机会失去了，就不会重来。

在分手后第二个月，大伟相亲成功，正在甜蜜恋爱中，菲儿已经成为他的过去式。菲儿这时才彻底明白，再视若珍宝的感情，一旦得不到也不要强求，而已失去的感情，再留恋也要放手——唯有如此，才能更好地开始下一段感情。

下一段在哪里？就是现在。

聪明女人应该明白，现在的自己就是最好的，现在与自己相处的那个人就是最好的，因为他愿意陪伴你，不曾带给你伤害，不曾想过要离开你，这就够了。

再骄傲的女人，也要善待自己的现在，别相信"得不到"和"已失去"，善待现在才是真聪明。

10. 上帝没有给我们后退的眼睛

人生路上，最大的悲哀不是跌倒，而是跌倒之后拒绝再爬起来——特别是女人。

情场防盗，职场防骗，样样不省心，正所谓：常在河边走，哪有不湿鞋。

作为空降的美女上司，Lili 就遇到了双重烦心事：人还没进公司，就被手下的员工议论纷纷，最有争议的莫过于，Lili 为何要放弃总公司那么优渥的条件，跑到这偏远小城来？虽说是宁为鸡头不做凤尾，可是待遇上差了一大截呢。

A 说：她肯定得罪了总公司的上司。

B 说：闹不好是在总公司犯了错，混不下去了。

C 说：也说不定是犯桃花被人 K 下来了呢。

话怎么说怎么难听，而真正的答案自然握在 Lili 本人手里。

说来，Lili其实也是个可怜人。她谈了3年恋爱，同样在总公司做中层的男朋友突然就劈腿了，毫无征兆，前脚说分手，后脚就和新女友领了结婚证，打得她是措手不及。

Lili还在等男友来跟自己求复合的时候，人家已经开始摆新婚酒席——这份奇耻大辱才是她在总公司待不下去的原因。

抬头不见低头见，况且，熟悉他俩的同事都知道那段过往，怎么说也是有3年的时间了。

Lili当即打了辞职报告，但是，上司对她的工作能力十分肯定，思量再三就把她调到了偏远的分公司，虽说是一把手，但条件确实艰苦了些。

可是再苦，也比不上Lili心里的苦。只要能够远离前男友的那些是是非非，她就愿意。

Lili当天就出发，来到了分公司。面对比自己或年长或年幼的同事，她怎么也笑不出来，分公司业务差，账目乱，员工心思涣散——想要把这样一盘散沙归拢起来，着实不易。

如此境况，让Lili想打退堂鼓。而让她坚决想要离开分公司的另一个原因是，这里的每个人都喜欢抓着她来八卦，从卫生间到餐厅，只要不注意，就有流言飞出来，这着实让她吃不消。

Lili很快打了辞职报告，和上司存着几分友谊的她实话实说，认为分公司已经无药可救，就和自己的心境一样。

上司专程飞过来，却并非来安慰Lili，而是给了她当头一棒。

上司告诉Lili："开弓没有回头箭，自己承诺过的事自然要做到底。况且，眼下根本没有合适的人选来分公司，此时离开，岂不是失了责任心？"

Lili 被上司说得不知如何回应，这时上司告诉她一件事，前男友婚后又升职了："离开你的人，不仅婚姻幸福，还事业有成——若是你过得不好，丢了爱情，又丢了工作，情以何堪？面子往何处放？"

接着，上司反问她："知道为什么上帝把眼睛给人类安在了前面而非后脑勺上吗？因为上帝希望每个人都勇敢前行，不要受点挫折就想着后退，所以才没有留给人类后退的眼睛！"

上司的话，让 Lili 如梦初醒。

想起当初，跟前男友一起到公司来应聘的情景，那时不管是业务能力还是应酬能力，她都在前男友之上。后来，两人的职位也是一起升上去的，不可谓不风光。眼下，自己已经失去了爱情，若再失去工作，岂不是不战自败？

好强的 Lili 终于又骄傲了起来，她答应上司，给她一年时间，一定让分公司大变样。

接下来的一年，Lili 把自己变成了工作狂，培训员工，整顿风纪，狠抓业务。在她的带领下，分公司业务量急剧上升，不仅员工拿到了久违的奖金，总公司还额外嘉奖了所有人。

同事都围着 Lili 不停地感谢，认为她挽救了分公司。她把那天上司说给自己听的话说给同事听，大家听了，陷入了沉默。

Lili 说："不怕大家笑话，我就是那个差点后退的人，后来想想，实在不值得。身为女人，最骄傲的事不止于收获一份爱情，我们还有事业可以打拼，还有友谊可以收获，为什么不能勇敢一点呢？"

正如 Lili 所说，女人生来就该骄傲，就该骄傲地面对一切。挫折也好，失败也罢，只要心还在，勇气还在，就要骄傲前行，别管对错——后退才是可耻的，况且，上帝没有给我们后退的眼睛！

11. 越骄傲越明白，其实女王想要的并不多

女人的一生，总是是非不断。

年少时容易早恋，为了那么一个英俊少年，硬生生地把学业耽搁殆尽者，有之；

真正长大后，有权利去选择爱情时，又容易不知何去何从——有钱没钱、有爱无爱，这种抉择有多矛盾，相信只有女人自己才明白；

在挑剔与被挑剔中，终于择定一个人成了家，却突然发现，婚姻远非两个人的事，而是两个家庭的事……

乍看之下，女人这一生，是注定要在各种烦琐的纠缠当中度过了。于是，有男人便说："女人，你们很复杂，想要好生活，想要好男人，想要好的一切。"

无语。好笑。

与女人相伴一生的男人，原来是如此看待女人的。他们只知道责怪女人追求过多，却忘记自己到底能给女人怎样的生活。

其实，女人想要的并不多。

如果把男人比作风，那女人需要的无非就是适时的吹拂罢了——烦躁的夏天，就像心情郁闷的女人，能多给一些凉风吹尽那些烦琐之事，这便是男人的功德了；冬天过于寒凉，风吹至适可而止即可，这样聪明的男人显然是可心的。

一句话，懂得审时度势的男人，就是女人想要寻找的。

于是乎，有聪明男人上场了，面对中意的女人，他们用尽心思讨女人欢心，有的甚至搭上家底送房子、购钻戒，大有抱得美人归的势头。

朋友小美就遇上过这种情形，她漂亮的外表令一个男人几乎疯狂，对方送了一切能送的东西，可她就是不应嫁。

男人急了，问她哪里不满意，她毫不犹豫地说："物质是表面的，我想要的，只是一句发自真心的'我爱你'。"

听明白了吧？千好万好，抵不过这三个字承诺的力量。说穿了，还是男人不懂女人，不够可心。

然而，世间可心的男人比较难寻。一如表妹阿眉的遭遇——意外相识的"小款"男人，对她情有独钟，每天不是送玫瑰，便是请吃烛光晚餐，令她疲于应付。

最令阿眉难以接受的是，那天下班之时，大雨滂沱，此时如果那男人递过来一把雨伞，或许她还会对他另眼相待，可偏偏那男人故作深情地手捧玫瑰站在雨里，活生生地上演了一幕爱情闹剧。

这一次，阿眉没有一丝犹豫便拒绝了。

她说："看到他站在雨里的样子，我突然意识到，这是一个不会照顾人的男人——他把浪漫玩过火了，忘记了生活是实实在在的，一如雨天里的那把伞。毕竟，谁也不可能淋成落汤鸡，还依然咳嗽着说'我爱你'。"

阿眉的话，是许多女人的心声。女人要求的并不多，只要男人适时关心、懂得如何去关心就够了。

男人总喜欢说，女人心思真难猜，今天是这样，明天就可能那样，随时会改变主意。

好笑。

女人的心思，其实并不难猜，不要以为她们心里想的全是浪漫、虚荣，其实在女人心里，谁都有一段王子公主的童话——每个女人都会幻想自己某天成为其中的公主，让王子骑着白马来迎娶。

但实际上呢，去哪里、过什么样的日子都无所谓，只要爱了就好。因为女人知道，自己并非真的公主，自然选不到真的王子，唯一能做的，就是将爱情唯美化，让生活更加情趣化，这样的日子才能细水长流，直至两人一起走到白发苍苍。

说到底，女人想要的其实并不多。

女人的心纯净如泉水，一眼见底——只要你认真对待，在她们需要的时候适时出现，又适时帮上那么一点儿小忙，那么，她们的心思便会很明朗地写到脸上，绝不会再有半点隐藏。

女王越骄傲越明白，其实自己最想要的，不过是尘世间最暖心的一份情，真诚就够。

12. 明智的女子是块宝

世上的女子千千万，最令人动心的却是明智女子。

明智女子的生活看似平淡，却有信念，她知道生活需要创造，不依赖，不强求，好好对待人生，人生必会好好偿还。

明智女子多是爱生活的，不叹老，不服输，遵从内心意愿，知道从生活里索取，更知道为生活而付出——从房间里的一串风铃，到公益活动里的慷慨捐献，她们装点着生活，同时也回报着生活。

明智女子对待工作是一如既往的热情，她知道工作是生活的保障，但绝对不是人生的唯一。

之于同事，明智的女子知道什么叫距离，她们会远离江湖八卦，做喧嚣里一朵静谧的花，美好又坚韧；面对竞争，她们也会当仁不让，并让所有人明白，能力决定一切——目光中透着凛冽，令人不得不起敬。

明智女子的爱情，也会与众不同。她不会强求不属于自己的感情，不会哭着喊着去求一个不爱自己的男人——就算爱错了人，也知道适时回头；面对新感情，知道如何去把握。

所谓的天长地久，其实就是当下的细水长流，她懂得好的感情在于坚守，而不在于等待——所以，面对不承诺、不担当的男人，再爱也懂得转身。

这不是不勇敢，而是只想给自己多留一份尊严，多爱自己一点。

当温柔女子事事依赖于人的时候，明智女子已然知道自己需要什么，懂得好好生活，好好工作，懂得人情世故，淡看世态。

当果敢女子执着追求不属于自己的东西时，明智女子早就看穿了，什么是适合自己的，什么是应该珍惜的。

当聪明女子为了生活辗转奔波时，明智女子早就开始铺设以后的路了，她们知道生活的重心不在于辗转，而在于享受……

如果有人问：做怎样的女子方能一世安稳？那我必答：明智女子。

一个明智女子，尊重别人的同时，也从不打压自己；一个明智女子，在创造生活的同时，也在享受生活；一个明智女子，爱别人的同时，更懂得如何爱自己……

明智女子，永远是坦然又从容的。

明智是聪明与理智的结合，这样的女子最令人动心。之于男人，明智女子就是一块宝：工作时，她不会轻易打扰；生活里，她知道如何处理高低潮；感情世界里，她就是一块璞玉，不打开时芬芳，打开时珍贵。

13. 不做傻女人，肥了爱情瘦了自己

这世上最奇妙的事，就是爱情和婚姻：爱情中，通常是男人主动和付出；婚姻里，为家庭默默奉献的，多数是女人。

小璇一直认定，自己拥有一份至高至纯的幸福，婚前老公对她百依百顺，婚后她对老公百般照料——因为自己比老公大两岁，自然把家务事都揽到了自己身上。

每天早上的稀饭，总是吹到不冷不热才递给老公；就连鸡蛋也是剥好之后，把对方不喜欢吃的蛋黄放进自己的碗里；

衣服是熨烫好了，头天晚上挂在衣柜里。就连鞋也是头天晚上帮老公擦好鞋油，以待第二天他上班穿着时能够光彩熠熠。

小璇的贤惠，不仅令老公感动，连婆婆都夸奖这个儿媳妇天下无双。她听在耳里美在心里，越发觉得自己的付出值了。

可是，小璇毕竟还是有工作、有压力的人，有天她因为工作不顺心，没做晚饭。老公回到家，看到冰锅冷灶，立马就不高兴了，斥责她："为什么不做晚饭？"

小璇有气无力地解释自己也累了，本以为老公能心疼自己，却不料，老公还是一脸不悦，直至她撑起来陪对方去外面吃了饭，这才缓和了他的脸色。

小璇没放在心上，她觉得老公还小，像个孩子似的需要自己照料。可是，她忘了，自己是个女人，也需要男人来照料。不久之后，她因为阑尾炎住院，这一入院才发现，之前对老公的包容和照顾原来是害了自己。

小璇住院后，因为不能照顾老公的饮食起居，老公天天在外面吃东西，家里也乱成一团麻，就连自己在医院的一日三餐也是婆婆伺候——偶尔想吃点水果，打电话给老公，老公不是因为不懂得挑选，买得不够新鲜，就是找借口说没时间买。

最令小璇接受不了的是，出院那天，老公竟然为了一场同学聚会而让她自己打车回家。

这着实气坏了小璇，她坐在病床上就那么哭了起来，哭声惹得邻床的一位老太太也掉了泪。

做过教师的老太太意味深长地告诉她："知道小狗为什么要喂六分饱吗？因为它吃多了就不懂得讨好主人了——男人也是一样，对他好没错，但也得让他知道：你的付出也是需要回报的。"

回家之后，小璇彻底改变了对老公的照顾，开始试着唤他早上一起做早饭。

一开始，对方嘴里全是埋怨，但小璇却告诉老公："我天天就是这么辛苦过来的，就算你不乐意做事，至少也得对我说声谢谢吧？"

跟着她起了几天早的老公这才意识到，原来老婆是这么辛苦，之后也就渐渐地懂得了疼爱。

其实，跟小璇一样的女子实在太多太多，一旦爱上或是结婚了，总容易把热情全部洒在一个男人身上，恨不能件件事都为对方着想和付出——却忘记了，你付出得越多，对方越觉得你是超能量，时间久了，就把你的付出当成了理所当然。

慢慢地，你用爱把男人养胖了，自己却累瘦了，着实委屈。

肥了爱情，瘦了自己，这是多少女子在重复的故事。

其实细想一下，在爱情和婚姻当中，付出没错，但付出也需要对等——至少你应该让对方知道：你的付出是需要回报的。

14. 谎话是没有根的浮萍

说谎这件事，不管男女，不分事由，都是让人反感的。

在同事之间，我们喜欢将自己的私生活夸大其词，这是一种攀比。

A 女就是最喜欢在同事中炫耀的一个人。

周末归来，大家议论周末都是如何度过的。有人说全家出动，来了个小型自驾游；有人说去吃了顿海底捞，贵死了。

A 女不经大脑地说："男朋友非要送套房子给我，拉着我去看了两天房子。"

众人羡慕，有人嘴快地问起哪个楼盘，A 女随口编了一个。没想到，有精明的同事一下子点破，说那个楼盘报纸上都说了，五证不全，根本办不下来房产证。

A女不得不尴尬地说："考虑到这点，所以就没让男朋友买。"

事情远远没有结束。中午，男朋友来给A女送爱心餐，这本是一件长脸的事，没想到被同事撞上。有人夸男朋友给力，男朋友一语道破缘由，说周末自己在家打了两天游戏，A女一直帮自己洗衣服、收拾房间，感恩于她，所以想表现一下。

本是一番投桃报李的行为，没想到却无情地揭穿了A女说的谎言，这耳光打得A女好几天都抬不起头来。

在生活中，我们也会说谎，再"圣人"也有"欺骗"别人的时候。

朋友L是出了名的优质女，但心性极高，年过30岁才好不容易出嫁。别人都说她嫁得有些匆忙，因为听说这个男人一无所有不说，脾气还十分暴躁。可是，L却一直维护着老公，说他对自己特别好，且经济条件也不错，房子和车说买就买。

婚后，房子和车果然是买了，不过据说是用L的私房钱和娘家补贴的钱买的。而且，男人脾气暴躁，好几次都打得L进了医院。娘家人要报警，L却为了面子一次次选择妥协和原谅，直到怀孕4个月时，孩子在一次争吵中流产她还没有觉醒。我们到医院去看她，她依然坚持说是自己不小心。

我们对L是又心疼又可惜，直到前两天聚餐她才道出实情，她说："我不希望被人瞧不起，32岁才嫁人，嫁了又离，说出去都丢人，就自己认了吧。"

这是一种赤裸裸的谎言，为了一点可怜的自尊，宁可忍受不幸的婚姻——可是她却忘了，幸福是不会说谎的，日渐憔悴的面容早就出卖了她。

谎言，说一次就需要无数次补救，就如同我们常说的那样：一个谎要用无数个谎来圆。

小C来自农村，这让她在全是城市户口的女同事中有点自卑。为了遮掩自己来自农村的事实，她换了3次工作，最后总是告诉同事说，自己来自小县城。

不了解她的人，自然没什么要紧，却不料，正当小C在第三份工作中混得风生水起，眼见就要升职的时候，小学同学的突然出现打破了她维持多年的谎言。

同事倒没多大惊奇，难受的是小C，她觉得自己就像犯了一个不可饶恕的错误一样，所有人都瞧不起她了。为了争回面子，她开始狠拉大单，跑业绩，还不止一次抢同事的业务。

这让大家很生气，认为过去那个和善可爱的小C变了，以为她是为了升职才变得如此不可理喻，所以在升职竞选投票中，大家都投了另一位竞争对手——本来对方一直比小C弱，没想到却升职成功。

小C把一切不幸的根源归于小学同学，跑到对方家里去大闹，结果又失去了发小的纯真友谊……

谎话是个技术活儿，何时说，怎么说，渐渐成了熟男熟女的一门课程，有人为了一个谎言甚至绞尽脑汁，这又何必呢？

谎话编得多了，总会遇上测谎仪。

谎话是没有根的浮萍，总有一天会被人打捞上岸，早晚要经受阳光的曝晒。

身为女人，可以骄傲甚至任性，但一定不能说谎。说谎是件上瘾的事，稍不留神被人揭穿，失面子是小，失信是大。

15. 友谊是女人最好的护身符

很多女人一遇上爱情，就会把友情忘得一干二净，所谓友情万年，不如爱情一眼。

雨儿曾经就是这样的主。

雨儿是个无爱不成活的女人，初恋时被劈腿，后来消停了一年半。

之后，雨儿又恋爱了，对方是个军官，阳光帅气，唯一不足的就是经济条件差了一些。但是，雨儿天生就是个"军装控"，爱得死去活来，不管不顾，不知是受了谁的蛊惑，把父母给的嫁妆钱拿出来买了房子不说，还只写了男朋友一个人的名字。

这可是拿着上百万房产在冒险啊，所有人都劝不住。雨儿说男朋友是军人，一定不会贪图这种小便宜，而且，她只想用这套房子跟男朋友表表决心，为爱情下下赌注。

听雨儿这样说，大家除了为她捏把汗之外，也只好祝福她不要被欺骗了。

没想到，雨儿还真的受骗了，起因还就在房子上。

男朋友见是婚前财产，且还只写了他一个人的名字，不仅起了贪念，还又骗了雨儿一笔装修费——明着说要装修房子，让雨儿等着收获惊喜，没想到，3个月后房子卖了，人消失了。

男朋友留给雨儿的，的确是实实在在的惊吓。更惊险的还在后面，雨儿拿着地址到部队去找男朋友，部队那边的回复却是：查无此人！

这不是故事，是实实在在的真实案例。受骗的不止雨儿一人，是十几个女人，有被骗房产的，有被借钱的，更邪乎的还有被骗帮忙贷款的。

雨儿伤心，朋友们也跟着伤心，还要负责安慰她。好在，她的家世不错，100万元也还算能承受得住，所以她也就慢慢平静了下来。

正当大家劝雨儿以后再找男朋友要踏实靠谱一些时，她又消失了，且消失得实在不是时候——闺密要结婚，说好做伴娘的她却消失了，着实让闺密头痛了一把。

原来，雨儿又爱上了一位网友，这次似乎精明了，直接跑到对方家里去相亲。按理说，这是一种进步，至少可以全面了解这个男人，可是，她就是那种为爱愿意付出一切的女人——看到男方家庭困难，直接将男人的全家人从农村接到城市，负责一大家子的吃喝拉撒。

就在这时，雨儿的另一个发小要买房，想跟雨儿借一笔钱。没想到，男朋友的母亲，也就是雨儿的准婆婆不许她借。雨儿为了稳住准婆婆的心，果然没借，愣是把发小得罪了。

闺密和发小，个个对雨儿有意见，之后，大家的关系也就淡了。

不管怎样，雨儿能幸福就行。却不料，准婆婆一家实在刁难人，不知从哪里听说雨儿在前一次恋爱中买了一套房子送给男友，非逼着雨儿也买套房子送给他们家，还说雨儿娘家有钱，可以一次性买两套，老人一套，新人一套。

雨儿父母本来对他们的恋爱就不许可，听到准亲家如此过分的要求，自然就恼了。两家人闹起来之后，男朋友的不作为让雨儿伤心不说，为了维护父母，男朋友还出手打了雨儿，一场闹剧式的爱情随着这个巴掌才算落幕。

恢复单身的雨儿开始害怕爱情，渴望友情。

她试着打电话给一年多没联系的闺密和发小，没想到两个朋友都原谅了她，一个给她带来一直留着的喜糖，一个请假陪她出去旅行。

来自友谊的力量让雨儿满血复活，也让她明白了一个道理：爱情是件轰轰烈烈却极易天崩地裂的事，而友情是平平淡淡却能地久天长的事。

说到底，友谊才是女人最好的护身符。爱情有多美，就会有多伤人，而友情却是一辈子的细水长流。

骄傲的女人，总会腾出两只手，左手爱情，右手友情，缺一不可，同样接受，同样去爱——因为她们知道，有时候友情比爱情更长久。

第三卷：职场是女人最骄傲的战场

职场女人最令人向往的地方，不是所向披靡的风姿，而是看淡职场风云的优雅和骄傲，有时候，一抹微笑，就足以抹杀千军万马。

1. 学会骄傲，职场只有一种性别

"骄傲"变成褒义词之后，也就成了一门艺术。职场中的骄傲，却往往饱含故事。

骄傲不是高昂起来的头颅，更不是盛气凌人的架势，正如小时候我们经常被教育"无傲骨则近于鄙夫，有傲心不得为君子"一样，仿佛唯有谦逊才是做人的根本。

但是，在职场中，骄傲有时候会成为打败对手的利器，正所谓"傲心不可有，傲骨不可无"——特别是对女性来说，骄傲应对职场中的挑战，结果且不论，气势不能少，因为职场只有一种性别。

很多职场女性会错误地秉承"女人的温柔能杀死异性对手"的理念，以为用女性自身优势就能击倒对手，这是大错特错。

男人见识的女子必是不少，现实当道，他们也是要讨生活的，单凭你的一颦一笑就缴械投降，那只是戏文里才有的事。

真正的职场江湖，不论性别倒也罢了，真论起来，男人又怎么肯说自己输给了一个女子？所谓"英雄不爱江山爱美人"的时代，早就一去不复返，况且，你又不是倾国倾城，所以趁早放弃这个念头，脚踏实地迎接挑战吧！

职场女性的骄傲来自哪里？当然是自信——相信自己会把每件

事处理好，相信自己能够胜任手里的工作，相信自己可以做得比男员工更出色。

当然，事实总有难堪的时候，比如男客户要打高尔夫，经常是男员工陪同，女员工只有在旁边帮忙喝彩的份儿；比如公司安排出差，通常会对比男女员工哪个更适合外出更长时间；再比如，公司搞升职时考虑女员工的首要条件，竟然不是比业绩，而是你还有多久会结婚生子……

真是不比不知道，一比吓多少跳！

也难怪不少女性会说，职场之中从来就没有平等。只是女人都忘了，性别之差，造成待遇之差，职位之差，这是人之常情，却也是能人为改变的。

当男客户要求陪打高尔夫的时候，女员工为何不能自信地挥杆？酒都敢拼的女人，难不成会败给一只高尔夫球？

当公司安排出差时，女员工为何不能自信地说：我虽然心系家庭，但是我有能力让工期缩短，这样既减少了出差时间，也为公司节约了成本。

当面临不公平升职时，女员工为何不主动争取，骄傲地告诉上司：也许我近两年是有结婚生子的打算，可是这期间我可以创造比现在多 N 倍的业绩，难道这对公司来说不是福音吗？

凡此种种，贵在骄傲。

骄傲，是职场女性的盔甲——拒绝示弱，披甲上阵，骄傲的勇气会令人折服。

之所以骄傲，是因为在骄傲的背后，我们也曾受过职场的千锤百炼，也曾是泪汗交融，也曾经同舟共济。熬出头，走过来，我们依然坚持在职场，这就是骄傲的资本。

在别人眼里，我们是女人。在我们自己眼里，职场无性别。因为，你能，我更能！

所以，职场女性们，骄傲吧，职场无性别，让我们骄傲地去战斗！

2. 职场不是走秀场，而是斗兽场

女性职场的江湖，更为壮烈，除了拼业绩，拼人脉，还要拼名牌，拼气质。

多少在 CBD 区进进出出的美女，一身干练，步履匆匆，目光凛冽，优雅有余。

多少刚从大学校门走出来的女生将她们作为自己的榜样，一毕业就如飞蛾扑火般地冲杀过来，不管是成功入驻，还是铩羽而归，壮烈情况可见一斑。

灵儿便是其中一员。

说起当年冲进 CBD 的故事，灵儿一半是无奈，一半是感慨。大学毕业前夕，她意外地发现男友移情别恋，情敌是职场中的"白骨精"。负心男友说，他喜欢对方身上散发出来的干练和果敢。

灵儿没弄明白情输何处，便急匆匆地杀进职场，成为名副其实的白领。进了公司才发现，各位女同事都是名牌加身，一场 SPA 便足以秒杀她半个月的生活费。

为了尽快赶上同事的节奏，灵儿拼尽所有置办行头，最后却发现，外表是接近了，同事也愿意称赞她懂得穿衣打扮了，只是当月底业绩报表出来之后，大家立马又跟倒数第一的她疏远了。

灵儿这才明白，有时候职场跟学校是一样的——在学校，拼的是成绩，成绩好自然有人愿意围着你，哪怕是为了抄作业。职场亦如此，业绩好，大家愿意围着你，就算客户资料是保密的，至少能听到几句真经。

刚刚还骄傲地以为自己接近了同事，如今才懂得，职场女性真正的骄傲来自业绩。

人心不古，世情难测。

职场第一课让灵儿终于看清楚了，什么才是最重要的。她把心暂时收了回来，全身心扑到业务上，以初生牛犊不怕虎的勇气愣是接连啃下了两个最难缠的大客户，业绩拿到当年第一。

这个成绩在新人当中绝无仅有，上司惊讶，同事嫉妒，灵儿以为大家这回可以跟自己走得近一些，却不料，因妒生恨的戏码悄然上演——两个同事跳出来说，那两个大客户她们之前也有联络，业绩应该跟灵儿平分。

无理的挑衅让灵儿惊讶，在她心里，就算同事做不成朋友，至少也是可以一起奋斗的伙伴，现在被反咬一口，是她万万没想到的。

也只有到了这个时候，她才不得不承认，职场之上并无情意，有竞争关系的同事之间也根本不存在所谓的情分。

猎物到手，最后的结局却是大家瓜分。看着跟自己平分业绩的同事笑得如花儿一样灿烂，灵儿的心却犹坠冰窖。

表面和气，内里暗斗，外人眼里光鲜如故的职场，已然被灵儿看透。

她明白，职场不是走秀场，而是斗兽场——不仅要迎接客户的挑战，还要处处应对同事的挑衅，不想头破血流地牺牲掉，就要学会眼观四路，耳听八方，稍有差池，自己就会成为被斗败的那一个。

职场不是走秀场，穿得漂亮不如干得漂亮。

斗兽场上的勇士需要九死一生的勇气，更需要无比的耐力去坚持。职场也一样，不管是新入职场还是久经职场的人，总有被伤害的时候。

流言也好，争斗也罢，我们都要学会笑到最后——职场就是战场，笑到最后的人，才能长久而又骄傲地活下去。

3. 不要随便相信空头支票

女人入职场最容易犯的两大错误，一是把前景想得过于灿烂，二是把上司信赖成了朋友。

对于女人来说，职场是未来生活的一种保障，所以就容易把所有热情都挥散出来，希冀通过自己的努力来改变生活和命运。

林小美就犯了上面说的两大错误。

她来自农村，尽管在城市里上了 4 年大学，但身上依然留存着农村人特有的质朴和天真。毕业之后，她四处投简历，最终被一家不大不小的广告公司录取，讲好的试用期没有工资，但是业务佣金可以拿三成。

老板是个热情的人，见到每个员工都笑呵呵的，让人感觉不出有压力，也让林小美觉得自己找对了老板。

林小美几乎把所有热情都用在了工作中，每天最早一个到，最晚一个离开，就算是休息日，也会跑出去拜访客户。有时候遇上难缠的客户，除了喝几杯这样的要求之外，还要耐心地将客户送回家。

一次，为了一个大单子，林小美还自掏腰包买了生日礼物送给客户。尽管 200 多块钱的东西不算昂贵，客户竟然真的把单子留给了她。

林小美拿着合同一路跑回公司，那种兴奋就如同中了 500 万的彩票一样——一会儿想着老板的表扬，一会儿算着自己该得多少佣金。

没想到的是，她只收获了老板的表扬，佣金却被扣了一半。原因是：老板说，这个客户他也一直在跟进，今天林小美只是代表他去签了个合同而已。

看着上万元的佣金被砍下了一半，林小美心里疼得要命，想着老板说得也有道理：自己一个新人凭什么这么顺利地拿下大单，应该是公司在背后做了不少工作。

如此一想，她倒也释然，就听从了老板的安排。

时间一晃就是 3 个月，实习期结束了，在新来的 3 个毕业生中，林小美的成绩显然是最抢眼的。

林小美记得老板说过，实习期表现的好坏，直接关系到转正之后的岗位底薪。她认为自己至少也应该高过其他毕业生，却没想到，老板给了他们一样的待遇——最低档的底薪设定。

林小美不服，去找老板理论。

老板倒乐了，笑着说，工资给得越少，越能激发员工的斗志，这是一种做领导的艺术。

钱给得少，反而成了老板的善意。林小美越来越一头雾水，老板笑得越真诚，她的心就迷茫。

后来，还是一位老同事揭开了秘密：当初她来公司上班也受到了这种待遇，老板就是一个笑面虎，说话好听，办事却不中肯，总是想方设法从员工身上捞油水。

同事的话很快得到了验证，林小美再次拉来的大单，又被老板以这样那样的理由扣掉了大半佣金。老板的说法是，不要心疼这笔钱，将来会还给她，比如她结婚或是生孩子，都会发一个大红包给她的。

这次事件让林小美彻底明白，老板是一种趋利动物，说得天花乱坠也不要相信，那只是空头支票，握在手里才是实实在在的拥有。

林小美学精了，以后再接触大客户，她会提前跟老板签一份合同，写明佣金几个点，税前还是税后，公司不得插手一类的约束条件。

一开始，老板不接受，认为多此一举。林小美坚持，说不签合同她就不拉客户。

当然，有合同在手，老板无话可说，佣金虽说拿得也比较顺利，可是林小美总是感觉心塞得厉害，不久之后，她辞职了。

以后会遇上什么样的老板，林小美不知道，但是有一点她彻底明白了，老板是趋利动物，不要相信他们的空头支票，只有白纸黑字的合同才可靠。

骄傲的女人，入职场时一定要多留几个心眼，千万不要被这种空头支票所打动。看人，要看品行；看老板，要看言行。

4. 去做你害怕的事，害怕自然就会消失

职场女人，最怕的事情是什么？有人说，是老板的不理解；有人说，是客户的无理；还有人说，是同事间的尔虞我诈。

不幸的是，这些事你越怕，就越得面对。

职场新人 Tina 最怕的就是和客户谈判，她总是习惯性地会被客

户带着跑偏，明明谈好的条件往往被客户肆意更改，自己却无能为力。

公司新进的一批货刚分发下去，客户就开始变卦，说好的 5 个点回佣被改成了 7 个点，理由是 1 个点浪费在运输上，1 个点还要用来赔付破损。

听着是理所当然，可是按公司规定，这些都是加在之前 5 个点之内的事，可是客户偏要说 5 个点就是自己的利润点。

Tina 说不过客户，打电话给上司求救，反被上司一顿痛骂。想想也是，谈好的条件被客户临场更改，怎能不生气？货都发到对方仓库里了，无异于别人案板上的鱼肉，要么任人宰割，要么再跑一趟拉回来，算算成本，倒不如被客户"坑"一把。

Tina 的谈判显然失败了，上司的批评以及不信任才是最大的损失。且当时正是年末，各分公司开始上报业绩，如果因为 Tina 这一环的失误，她所在的分公司会以微弱失利败北。

这一次损失的不仅是上司的利益，还有全公司每个人的奖金问题，所有人都把怨气撒向她。

Tina 觉得自己冤枉极了，也就更加害怕直接跟客户打交道，于是提出申请，想换岗位。而上司却坦言，连最基本的业务都做不了，到哪儿都不会是一块好砖，一番话说得 Tina 欲哭无泪。

一位好心的老同事看不下去了，跟 Tina 道出了心得，告诉她，该争的一定要去争——跟上司是这样，跟客户更应该这样。

在同事的鼓励下，Tina 试着跟客户周旋。

没想到，不知是上次得了便宜，还是声势太弱，客户根本不拿她的话当回事，算回本账时，依然想扣除 7 个点。

这下子直接把 Tina 急哭了，但想想上司和同事的埋怨，她坚决不让步，一直在客户那里坐到天黑。可是，这种做法显然不起效，客户还因此嘲笑她耍无赖，直接打开门要赶她出去。

这倒也惹急了 Tina，她顺势跟客户争了起来，告诉客户，要么返 5 个点痛快地结账，要么就把发出去的货收回来，自己找车拉回去。

客户没想到 Tina 突然从一个弱女子变成了女汉子，以为她只是在开玩笑，没想到她当着他的面开始联系货车。客户明知理亏，不得已，只好把多收的利润吐了出来。

这一次的胜利，让 Tina 号啕大哭。她还是想不明白，为何以理相待，反而被人欺负？如此"无理"，反而让对方让了步？

但是，有一点她开始领悟，那就是自己越是害怕的事，就越要去面对——"困难像弹簧，你强它就弱，你弱它就强"，客户也一样：你彪悍，他就示弱；若不然，只有受欺负的份儿。

职场如战场，越是害怕冲锋的人，越要学着冲在最前面——当你打响第一枪之后就会发现，之前害怕的东西，原来并没有那么可怕。

5. 能被出卖说明你有被利用的价值

形容职场最贴切的一个词，永远是"尔虞我诈"，而尔虞我诈永远来自内部的竞争。

女人入职场，必是要过五关斩六将：对外要应付客户的纠缠，对内还要警惕同事间的竞争，这份辛苦，着实不易。

凌眉来自偏远小城，个性耿直，做事认真，这样的人很容易跟人打成一片。而她也不负众望，和每个同事都相处愉快，其中最要好的当属同龄的程小小：两人工作上是搭档，生活中是朋友，一起吃饭，一起逛街，就如同多了一个姐妹。

凌眉甚至觉得，程小小比自己的亲妹妹还要亲，所以不论是买吃的还是用的，都会额外多带一份给对方。程小小也一样，家在本地的她经常会带饭给凌眉，两人感情好得让别的同事只有羡慕的份儿。

年末，单位传出整合的消息，说是大环境不好，效益下滑，不得已要借年关裁掉一部分人——凡是业绩不好的，或是年龄大的，甚至工作经常出错的人，指定要被请回家。如此还不够，还要将每个部门的人整合一下，工作能一个人完成的，绝对不留第二个。

这个消息让人心生惶恐，虽然单位效益一般，但是事业单位至少旱涝保收——对女人来说，不失为一个养老的好地方，况且工作多年，谁愿意说开就被开？

程小小比凌眉要心慌，当天中午连午饭都没吃。同在财务科的凌眉知道，程小小接连将财务报表打错，有一次还被上司直接点名批评过，如果上司拿这事来论，怕还真是危险。

但是，凌眉还是安慰程小小，财务室虽然有4个人，除了最高级别的会计师之外，老张已经过了40岁，加上身体一直弱，经常请病假，就算裁员也是先裁老张，怕也轮不到她。

这番安慰让程小小暂时心安。却不料，隔天的早会上，上司明确宣布，财务室将只保留两人，近期会按表现裁员。

这一消息，让程小小再次崩溃。

凌眉也不知如何安慰程小小才好，其实她心里也清楚，程小小当初进财务室本就是歪打正着——一不是正规财会出身，二还经常工作失误，就算裁员，怕也是理所当然。

只是身为姐妹，凌眉还是决定帮程小小一把，她主动找到财务部长，把程小小之前犯的几件错揽到了自己身上。财务部长听完却突然笑了，问凌眉："和程小小真的亲如姐妹吗？"

凌眉被问得一头雾水。财务部长叹息一声，而后告诉她："做人实诚虽好，但也不要太实诚，那样只会伤害到自己。"

凌眉还没悟透财务部长的话，就发现程小小有些不对劲，不仅对自己避而远之，还经常往上司办公室跑。别的同事提醒她，说程小小在拉拢上司。

更让她意外的是，上司在隔天早会上有意无意地说某些同志不要把自己的错误加给别人，这种做法是不道德的，如此云云，让人一头雾水。而更让她惊讶的是，上司很快找她谈话了。

上司的一番话，让凌眉这才惊醒，原来程小小出卖了自己——确切地说，是无中生有地暗算了自己。

程小小把过往的一些错失算在了凌眉头上，那些工作细节，凌眉确实只跟程小小提过。上司不容置疑地认定，凌眉人品有问题——换句话说，凌眉下岗的可能性比程小小更高。

凌眉一整天都是昏昏沉沉的，她怎么也没想到，自己掏心掏肺地对程小小，甚至还想揽下责任替她分担，她却出卖了自己。

后来，财务部长虽然做了公道人，帮凌眉挽回了名誉并保住了工作，但自此以后，凌眉和程小小再无来往。下岗的程小小去了哪里，凌眉也无兴趣过问。

所有人都说凌眉还在生程小小的气，凌眉却说，出卖这种事，自己看得很淡，能被出卖说明自己有被利用的价值，职场上的尔虞我诈，她又岂是不晓得？她唯一弄不明白的是，为何自己都想要将心掏出来结交的朋友，会无情地背叛自己——来自友情的伤害，才是让她心痛的原因所在。

正如凌眉所说，职场利益之争无处不在，能被出卖说明你有被利用的价值。唯一不能原谅的是，出卖你的人，是当初信誓旦旦想要和你一辈子做朋友的人。

骄傲的职场女人，一定要骄傲地守护好自己的人格，不做出卖的事，更不做出卖朋友的事，因为友谊一旦被背叛，一辈子也别想再挽回。

6. 跟对老板，比赚钱更重要

一入职场，犹如扁舟入海，失去航向是时常会发生的事。利益当道，我们总是分不清孰重孰轻，谁对谁错。

小丽毕业已有两年，按理说，应该算是有点职场经验的人了，却不料，在失了 N 份工作之后，眼下的工作怕也快保不住了。起因是：小丽因为处理客户失当，直接得罪了老板。

客户对小丽心生好感，小丽拒绝了客户的纠缠，客户直接将上百万的订单取消了。而这个订单，据老板说，是公司运作了大半年才好不容易牵上线的，如今被小丽一个冷脸就切断了，当然一百个不愿意，还扬言要让小丽赔偿公司的损失。

小丽冤枉，却不敢说出自己的委屈，因为她刚在某网站打白条买了一款苹果电脑，每个月有 1000 多元的欠款要还。加上房租和生活费，如果断了工作，直接面临的就是无处可去。况且，眼下这家公司比同行给出的薪水要多出两成，所以不得不忍让。

小丽主动约了客户，客户以为她回心转意，提出带她一起去外地旅行，然后顺便谈谈合同。这种明着邀请，暗地里却是男盗女娼的行为，小丽不是看不透，她不想去，也不敢去，可是想想眼下的状况，又不得不硬着头皮去。

老板听到订单有了转机，立即喜笑颜开，特意给她批了两天假。

小丽跟着客户边旅行边谈合同，客户得不着便宜，自然不会那么容易就把合同签了，而是不停施饵，一步步把小丽引向旅行地的宾馆。小丽慌了，当客户毛手毛脚想占便宜时，她大呼救命——好命的是，果真有人救下了小丽，还帮忙报了警。

虽然获救，但客户是永远得罪了。从派出所出来，老板把解约合同扔到小丽脸上，她彻底失业了。

救小丽的好心人叫安雯，是一个上了年纪但有气质的大姐，听着小丽的故事，她感慨小丽就是年轻时的自己。她告诉小丽，之所以会出现这样的事，完全就是跟错了老板，并让小丽到自己的服装公司来上班。

到了安雯的公司，小丽才真正了解了什么是职场——踏实做好自己的事，有客户找麻烦，安雯永远站在员工这边，宁可失去订单，也绝对不让自己的员工受半点委屈。

安雯说，企业不是靠员工诱惑客户去发展的，是靠产品说话的，真正想做成生意的客户，没有谁会心存私利而为难一个小职员。

小丽这才明白，跟对老板，比赚钱重要。

对于女人来说，靠本事吃饭，比什么都重要。

对于老板来说，尊重员工，比什么都重要。

7. 井下石化身垫脚石

乔薇到服装集团面试那天就笑了。

负责面试的"考官"之一，是学姐安娜。乔薇的心情顿时轻松下来，很自信地走到对方跟前去握手。却不料，伸出去的手，半天才被接住。

安娜眼神很陌生，一边握手，一边客套地发出警告："做好自己，不要试图被任何人关照。祝你好运。"话说得冠冕堂皇，却透着冷气。

乔薇早就听说职场是不讲人情的，却怎么也没想到，自己会遇上这么冷的开场白。还好，她那天发挥得极为出色，设计的几款夏衫颇受考官的赏识，其中一人赞许说："这水平足以参加今夏的时装大赛了。"

乔薇不敢表露骄傲，但心早就扑腾开来，然后她把目光投向学姐，希望对方明白自己还是有水准、有能力的。

可让她吃惊的事情再次发生，安娜脸色迥异地指着她的设计，毫不留情地批判："样式不说了，单说这颜色，都什么年代了，谁还穿灰白搭配的衣服？绝对不行！"

乔薇有种突遭惊雷的感觉。

　　一直点头的考官重新审视了乔薇设计的颜色，最后的结论是：设计还行，颜色不对。这点乔薇倒还能接受，唯一让她接受不了的，是学姐的态度。

　　面试结果可想而知，主考官给乔薇的答复是：待定。

　　这个结果，跟失败其实是可以画上等号的，而最终导致这个结果的是安娜。应聘失败，最好问清原因，随时提高自己。

　　不服输的乔薇在半路堵住安娜，十分不解地问："为什么？"

　　安娜的眼神有些躲闪，但还是故作镇定地告诉她："说过了，颜色不对路，你哪天把颜色搞明白再来应聘好了。"

　　不服输的乔薇当即反驳："哪个学服装设计的会不懂颜色？灰白属于主色调，有品味的女人都喜欢，倒是那些花花绿绿的颜色显得不庄重！"

　　她的话显然呛着了安娜，但对方还是笑了："你既然对颜色这么笃定，干脆去做色彩顾问好了，干吗还跑来应聘设计？"

　　"做就做！不就是个色彩顾问吗？Who 怕 Who！"乔薇负气地扭头就走。

　　路过图书馆的时候，乔薇想起安娜嘲笑的眼神，干脆抬脚进去，找了几本关于色彩搭配的书籍。

　　不看不知道，一看竟然发现，色彩世界其实很大，看似简单的赤橙黄绿青蓝紫，经过巧妙的色彩搭配，乍看之下，效果的确不一样。

　　新机遇处处有，哪怕是对手的话也要琢磨一二。心情渐渐平静的乔薇，一头扎进了色彩搭配的世界里。

通过学习，她知道了，每个人喜欢的色彩其实都是不一样的，需要有针对性地做诊断：人体色彩诊断，就是把生活中的常用色按基调的不同进行划分，同时对人的肤色、发色和眼珠色等进行科学分析，总结出冷暖色系跟人本身存在的色系的区别，然后为人们分别找到和谐对应的色彩群。

越研究下去，乔薇越觉得色彩世界太丰富了。当时国内做色彩搭配的人寥寥无几，这是一个新兴的行业，之于她，还是一个有待学习跟挖掘的世界。

一向讲求速度的乔薇立即飞往上海学习，经过两个月的系统培训，归来后她开了一家投资不大却极精致的色彩搭配工作室。工作室选在本市最贵的写字楼，因为在这里工作的多是高收入的白领。

为了吸引客源，乔薇给客户的优惠，第一个月完全是免费的。

一些抱着尝试态度的客户进来之后，不仅知道了自己适合哪种颜色，还学到了相关的色彩搭配知识。这让爱美的女人蜂拥而至，一传十，十传百，乔薇的色彩工作室终于扬名了，在第三个月就实现了赢利。

不小心遇上落井下石，却勇于接受挑战，适时发现了商机。渐渐稳定下来的乔薇终于笑了。

钱袋渐鼓的她为了了解当下年轻人的喜好，偶尔也会去泡吧。那晚，恰好遇上应聘时为自己说话的一个考官，对方不无感慨地说："当初怪我多嘴，那个夏装大赛只有一个名额，公司指定安娜参加，所以她……"

这时候，乔薇才彻底明白，原来安娜如此刁难、反对自己进公司，是怕自己抢了她的饭碗，所以在没成气候之前毫不留情地将自己踢了出去。

职场之上，原来真的是不讲人情的。

乔薇不由得吸了一口凉气，还好，对方落井下石之后，自己适时抓住了机会，把下井石化为垫脚石，这才没有彻底落败。

8. 女人的骄傲是打开勇气之锁的一把钥匙

常有职场女性会抱怨，职场江湖不好混，稍不小心，就有可能万劫不复。

其实，职场并没有那么可怕。

乔恩是在 25 岁那年转行的，之前在机场做地勤，事务杂，面对的人群也杂，生性内向的她自认不适合做那份工作，所以就请辞之后到一家宾馆做了前台服务人员。

起初，有老员工带着还算轻松，等到独立工作后，乔恩发现，宾馆前台这份工作看似舒适美好，其实面对的客户依然很杂乱。

前台工作不可避免地要跟各种客户直接面对面，遇上喝醉的，或是存心挑衅的，乔恩就不知如何应对——而最让她受不了的是，刚进宾馆工作就遇上制度改革：每个人开出的客户入住单，就是工作业绩。

这让乔恩有苦难言，却也不得不笑对每个前来入住的顾客。有时候，明明顾客是想占便宜，乔恩还是不得不选择忍受，可是有的能躲过，有的则躲不过。

有次，一位来自香港的客人被乔恩的美貌打动，非要拉着她陪自己喝一杯，而换来的则是长住一个月的业绩回报。

乔恩自然知道喝一杯是什么意思，觉得那完全就是在侮辱自己，于是当即拒绝了。

其他同事上来给乔恩解围，推荐能陪客人喝酒的，但是客人恼了，非乔恩不可。这种态度最终把乔恩惹急了，她抱着宁可辞职也不被客人侮辱的念头，大胆地告诉客人：再无理取闹，她会报警——这里是住宿的地方，不是任人撒野的地方！

客人被乔恩突然强硬起来的态度吓愣了，又有些不甘心，怒骂她不过是一个小服务员。乔恩把头一昂，怒问客人："靠劳动吃饭有什么不对？"

客人最终在乔恩面前败下阵来，不再为难。

乔恩索性把住宿单收回，让客人再找别的宾馆。没想到，客人开会的地方只有这家宾馆离场地最近，他当然舍不得退房，最后的结果只能是收了嚣张气焰，乖乖地交钱入住。

所有人都为乔恩的勇敢鼓掌，乔恩却说，怕老板知道以后会开除自己。只是这一次她猜错了，总经理在监控里清楚地看到了这一切，非但没有埋怨乔恩，还当面表扬她为整个宾馆争了一口气。

乔恩这才知道，原来30岁出头的总经理汤女士曾经也是从前台做起来的。汤总告诉她，当初自己也受过这种侮辱，也曾像她这样站出来反驳，最终为自己赢了尊严，更为宾馆保全了面子——如果客人提什么要求宾馆都去满足，那这个宾馆会成什么样子？

同时，汤总告诉乔恩，职场中的女人，无论身份，无论职位，只要自己的尊严受到了挑战，就一定要大胆又骄傲地跟对方理论，要有勇气去跟这种不正之风作斗争。

有了汤总的支持，乔恩瞬间充满了力量。

从那之后，乔恩将腼腆换成了骄傲，不卑不亢地应对工作中各种难缠的客人。让她觉得奇怪的是，自己越是抬高了姿态，客人越是对她表示出尊重，类似的骚扰也很少再发生了。

这时候，乔恩才彻底悟明白，原来，在职场中，无论何时，女人只有自重才能换回客户的尊重。同样地，女人试着让自己骄傲起来的好处就是，勇气随之而来，再没什么能将自己打败。

女人的骄傲是打开勇气之锁的一把钥匙，有了勇气，所向披靡。

9. 失利时多想想穷日子

职场中，有人欢笑有人愁。得志，表示离梦想近了一步；失志，也不过是暂时被成功绊了一下脚。

我相信，大多数职场女人最想要的，是通过自己的双手和劳作来改变眼下的生活，以及得到更好的将来。我也相信，没有哪个职场女人从初入职场到收获成功，都能够一帆风顺。

那么，职场失利时，我们应该做些什么呢？是默默地哭泣，之后擦干眼泪再继续？还是收拾行囊，逃避是非之地？抑或，从此之后遇上同样的困难就绕路而行？

其实，道理大家都明白，方法也有很多，但是最直接的只有一个，那就是失利时多想想之前过的穷日子。

Lina 一直认为，自己遇到的，最刻骨铭心的痛就是职场失利，而让她坚持下来的，就是那些曾经受过的苦，以及不想再回头重新开始的穷日子。

Lina 出身普通，家里有 4 个兄弟姐妹，当初父母为了生儿子，硬是在她之后又接连生下两个妹妹，一个弟弟。

这种家庭出来的她，能把中专读完显然已经不容易了，而之后她要付出的就是加倍赚钱，帮助父母养活还在上学的妹妹和弟弟。在这种情形下，Lina 除了勤奋工作，别无选择。

在进入职场之前，Lina 考察过，认为跑业务和销售这两种工作最赚钱，所以当即放下了自己所学的化学专业，投身到了电脑销售这个行业中。

没想到，工作了两个月，赚的钱只够维持她一个人的生活开销——除去房租和生活费，能寄给家里的寥寥无几。

不久，Lina 又选择了化妆品这个行业，说白了，就是一个推销员。这个行业适合女孩子来做，也确实大有市场，她为了跟上同事的步伐，先是将名字"李娜"改成汉语拼音"Lina"——她认为这样更容易给顾客一种时尚感，之后不断地学习老同事的工作经验。

再后来，由于在店面竞争太大，Lina 又转向店外推销，就像某些直销产品的业务人员一样，有时候会上门做推销。虽然这样做有点冒险并被人厌烦，但是坚持数月之后，她的工资居然成了店里的NO.1，她也成了老板眼里的红人。

有了奖励和鼓励，Lina 工作起来更有劲头，先后又签约了几家超市和店面的业务。业绩不断提升之后，她的收入也水涨船高，不仅能帮家里减轻负担，自己还租住了较好的一室一厅。

与此同时，以前过于节俭的她也开始跟同事一样，穿戴名牌，外出应酬，生活似乎一下子为她打开了一扇漂亮的门。

如果一直这样生活下去，相信 Lina 很快会按自己的计划一步步实现目标，比如买房，买车，或给弟弟妹妹攒下大学学费等。可是，计划不如变化快，在工作的第三年，正当 Lina 准备升职再加薪的时候，意外发生了。

之前的一个老顾客，让 Lina 发了两车货之后，人突然消失了，有 20 多万元货款还没有收回来。不但老板急，Lina 更急，之前因为是老顾客，一直合作也没出现过什么纰漏，所以她连押金都没收半分钱。

顾客的消失，直接让老板把责任推给了 Lina，不仅扣她奖金和工资，还按出厂价让她赔付损失。Lina 算了一下，就算是出厂价也得 10 多万元，那可是自己小两年的收入，不吃不喝怕也难还上——且刚刚还答应家里，要把所有的电器换新的。

想到在父母面前食言，以及让弟弟妹妹失望的画面，Lina 连老家都不敢回，她怕面对责备，怕面对失败，于是连续几天把自己关在房间里不出门……

一个人面壁的时候，Lina 无意中翻看了自己之前写的日记，上面记载着初入职场所遭受的罪，哪年哪月欠房租，被房东骂贫家女；哪年哪月因为不舍得买一支上百元的口红，遭同事白眼；哪年哪月同学聚会，为了省钱给弟弟妹妹交学费而假装失联……

一桩桩一件件的往事，让 Lina 的心情像被热水点沸了一样翻滚着，这样的日子，她肯定不能再过，绝对不希望再重来。这一刻她清楚地意识到，想要保住眼下的一切，再不回到过去那种穷日子，就要迎接困难，继续挑战！

Lina 终于从房间里出来了。她走进店里，迎着老板大声地说："我会在半年内还上这笔账。"

这是承诺，也是信心。也只有 Lina 自己才明白，是过去的穷日子让她害怕了，她想挣脱，就必须努力。

职场女人，无论外表多骄傲，内心总有一些不为人知的秘密。失利时，请多想想过往的穷日子，多想想被人为难时的窘迫——苦难是最好的老师，从这些过往的心酸中，寻找让自己重新站起来的力量吧！

10. 不要"忍"，要去"争"

不少励志话语里，在形容做人的时候，总是愿意单指一个"忍"，认为忍就是教养，就是信念，就是打不败的斗志。

但是，我想说的是，在生活中忍是一种教养，然而，在职场中，女人的机会本来就不多，若一味忍，怕更难有发展，所以就要去争。

职场中的女人，业绩够养眼，个性就够骄傲，不要"忍"，要去"争"。就如同小 A 和小 B，同为职场中人，她们的故事就是在"忍"和"争"中发生的。

小 A 在电子公司上班，做设计工作，为人细心，业务精湛，遇事不争不抢，非常和善。而小 B 个性却骄傲得多，工作能力虽不及小 A，但是应酬能力一流，没有她拿不下的客户。

两人同在设计部，是同事却不是朋友，起因还是两人性格不一样：小 A 喜静，下了班喜欢宅在家里养花，逗狗；小 B 喜欢热闹，到处是朋友。这样的两个人若是能互补地走下去，也不失为美谈，却不料，单位年底搞了个岗位竞聘，设计部分成两组，要选出两个小组长。

小 A 和小 B 同在一组，两人成为竞争对手。虽说很多同事更看好业务精湛且为人和善的小 A，但是小 B 的对外业务也不甘落后，大笔订单总能让同事羡慕——为此，选谁不选谁，不仅让同事难以定断，就连上司也感觉头痛。

听闻要在两人中间选一人为组长，小 B 最先坐不住了，她先是跑到上司面前自荐，接着又私下开始跟同事拉关系。虽然大家都明白她的良苦用心，不过还是有人愿意支持小 A，也示意小 A 多跟上司走动走动。

小 A 却觉得，为人处世要懂得忍让，甚至相信，业务能力更胜一筹的自己在上司那里也是有些分量的，她不愿意再为上司添麻烦。

小 A 和小 B 都希望自己成为组长——一个忍着，等待公平的到来；一个争着，寻找机会就下手。

只是没想到，争着出风头的小 B，最终还是压倒了业务精湛的小 A。上司的理由是，公司发展需要有竞争意识的人来做领导。言下之意，小 A 过于忍让，不适合坐在领导岗位上。

胜利的小 B 不无骄傲，还请同事们吃饭。席间，跟小 B 对饮时，喝多了的小 A 趁着酒劲质问小 B，是不是私下给了上司好处？小 B 笑言，好处是给了，不过是几个大客户的订单而已。

小 A 这才知道，自己稳坐泰山的时候，小 B 已经在外面找来了大客户——在以利取胜的上司面前，订单的说服力远远胜过自己的那点小功劳。这下，小 A 输得心服口报。

其实，职场中不少人是小 A 这样的员工，她们一直以为自己有着良好的业务能力，相信上司是公平的，上司会做出对应的判断——却忘了，上司更多考量的是谁更适合做领导，正所谓"帅将各有不同"，天生帅才的人能够指挥千军万马，而身为将才的人也只能听从指挥。

职场女人，就算业绩再好，也要学会在竞争的时候去争一把，拼一把，不要期待什么好人缘和上司的慧眼来成全，"忍"在职场中只是懦弱的代名词。

11. 顺可娇，逆不傲

职场，有时候就是赌场，胜败只在一线间：顺境时，能让人赢得不知所措；逆境时，也能让人输得不知所措。

身为职场女人，除了要懂得在顺境中更好地发挥自己的优势之外，更要懂得在逆境中让自己好好地成长。

妮娜初入职场时，总是凭借自己较好的业绩而骄傲，过分的张扬让她几乎没有朋友。可是，妮娜却不管不顾，直到有一次因为疏忽犯下大错，直接导致公司损失上百万，她这才清楚地看到，原来在公司能帮自己说话的人，一个也没有。

好在上司娟姐一直把妮娜当成妹妹来疼，看到她沉浸在悔恨中走不出来，娟姐主动约她吃饭。酒过三巡，娟姐主动说起自己的故事，这让妮娜受益匪浅。

娟姐是在最好的年华——25 岁那年进入公司的，当时说是来应聘财务，没想到财务人员招满了，负责招聘的人问她敢不敢做业务员，接受一些新挑战。

因为业务员的工资是跟业绩挂钩的，看到不少业务员的月薪能上万元，那可是财务工资的好几倍，娟姐动心了，决定一试。

没想到，娟姐还真是个适合做业务的人选，第一季度就拿了全公司业绩第一名。奖金放进包里，沉甸甸的，娟姐骄傲极了，对刚开始不把她放在眼里的同事不屑一顾，甚至不愿意再请教他们，认为自己已经可以独撑一片天。

过分的骄傲，让她对待客户也开始怠慢了起来。

没想到，第二季度开始，之前从娟姐这里走单子的客户纷纷要求换业务员，理由是：她的服务态度不好。

公司考虑到损失问题，直接把娟姐从业务岗位上换了下来。尽管不用再出去风吹日晒地跑业务，可是收入顿减也让娟姐受不了，她跑去跟上司闹，在组长面前哭，最终的结果是，谁见了她都想跑。

听到这儿，妮娜好奇地问："那娟姐是如何坐上业务部长的位置的呢？"

娟姐笑了笑，继续说："后来还是我的上司度化了我。他说我身上有着比常人更多的骄傲，这种骄傲用在工作上是种劲儿，但用于人与人的交往间却是道墙，如果遇上逆境，有时候还会成为阻碍自己爬起来的一道坎儿。"

娟姐的话让妮娜频频点头，她承认，就是因为自己过去太过骄傲，不把同事放在眼里，所以现在遇上困难才发现，在公司里一个朋友也没有。

娟姐告诫妮娜，女人可以骄傲，但一定要记着："顺可娇，逆不傲。身处顺境时，所有人都会不由自主地跟你站在一起，这时候你如果过于冷傲，会吓跑他们，会让他们觉得你瞧不起人。相反，如果这时你凭借女人天生多出的几分娇贵来，他们非但不会认为你难伺候，还会认为你身上有一种小女人的可爱。

"身处逆境时，本来大家都像瘟疫一样地躲着你，如果此时你还一味地娇贵着，别人会反过来瞧不起你——不如就傲一点，抬头起，告诉自己一定会东山再起，以傲人之姿告诉别人：我还有力量爬起来！"

娟姐的话让妮娜大为折服。

"顺可娇，逆不傲"，职场中的女人，越是骄傲，越要明白这些分寸。

在娟姐的劝说下，妮娜真的改变了。尽管身处逆境，可是她愿意以笑脸示人，对每一个同事都好，让他们觉得那个活泼可爱的她又回来了。

同时，她也加紧了业务上的联系。就在业绩一点点回升，同事以为她又要骄傲的时候，突然发现她转换了风格，变成了娇贵可爱的小女人。

这种变化让同事们又惊讶又喜欢，大家自然也就愿意跟她走得更近一些了。

妮娜跑去感谢娟姐，说自己终于长大了。

职场女人，时刻需要成长。顺境时，要懂得大度示人；逆境时，要做到坚不可摧——这样的女人才更有资格骄傲。

12. 饭局不是万能的，没有饭局是万万不能的

身处职场，难免会跟饭局打交道。

饭局之于女人，更是不可避免——不是需要陪男上司应酬，就是需要面对自己的客户，怎么躲也躲不过去。最怕的是，遇上难缠的客户，一场饭局下来完全就是一场战斗。

芊羽每天都要面对这样的战斗。

身为家装设计师的芊羽，按理说，完全可以靠才华吃饭，可是老板却总是有意无意地安排饭局，让她成为靠酒量混职场的女人，且面对的还都是 VIP 客户。

过百万的装修合同若是砸了，芊羽有可能一个季度拿不到一毛钱奖金，这有点不公平，但却是事实。

这天，芊羽又被老板安排进了饭局。

饭局上的大客户，是一位手握 200 万元厂房装修合同的负责人，他见到芊羽便被她的美貌吸引，只差没把哈喇子流进菜盘子里。客户拉着芊羽的手不肯撒，芊羽忍无可忍，最后以上洗手间的名义躲开了。

吃饭时，客户非要跟芊羽一杯又一杯地干，直把芊羽喝到想吐，还好最后客户没坚持住，他先吐了。然而，这场饭局依然没有

结束，客户提出吼两嗓子，一行人只好转战 KTV。

在 KTV 里，客户从酒醉到酒醒，一直缠着芊羽不放，在连唱了 3 首对唱情歌之后，芊羽终于以嗓子疼为由得已解脱。其实她听得出来，客户的调儿都不在歌上，明摆着就是想吃自己豆腐，要不是老板一直冲她使眼色，她早就甩手走人了。

此客户签单成功，老板按比例提了佣金给芊羽。按理说，这是好事，可是老板的一句话惹急了芊羽。他说，女人赚钱有时候挺容易的。那意思是，一顿饭就有上万的提成收入，这是一件容易的事。

芊羽恼了，之后老板再找她应酬，她坚决不从。老板也不为难她，把一众设计图丢过来，不仅有她的，还有其他同事的，统统让她去设计。

忙活来忙活去，芊羽发现自己的工资比其他同事少得多，问起来才知道，其他同事陪客户应酬，心累，奖金自然就多一些。这种说法让她觉得好笑又可气，踏实工作的人总是不敌玩手段应酬的，这叫什么事？

老板的一番话倒是说得中肯，他说："职场中的饭局虽然不是万能的，但没有饭局也是万万不能的。你应酬不好客户，自然就没有订单——没有订单，你的设计再好，谁稀罕？"

话糙理不糙。

从那天起，芊羽也选择性地进行一些应酬。在饭桌上，她尽量不让客户占便宜，酒却喝了不少，当然月底的奖金也不少。如此循环，多少有点累，可这就是职场，还能怎样？

其实，听着芊羽的故事，好像有些许无奈，但职场都一样，正如她老板说的那样，饭局不是万能的，没有饭局是万万不能的。如何选择饭局，如何在饭局上保护自己，这是一门学问。

聪明的职场女人，不需要躲开应酬，只要明白应酬当中的一些意外应该如何避免就可以了。

饭桌上，一些好色之徒过于明显的暗示，女人要骄傲地回绝，告诉他：自己有男朋友或老公，也绝对不是那种轻浮的女人。

酒桌上，有不怀好意者想要灌醉你，占点便宜，不妨直接放下酒杯，告诉他：自己不会喝酒，非要以酒论英雄，那自己就只能当狗熊，以幽默化之。

当然，遇上实在难缠的客户，也只能丢车保卒，让老板自己去头痛吧！

13. 不曾失败，就不曾成功

战场分胜负，职场有输赢，不是谁都能一帆风顺，从不被失败来光顾。面对失败，身为女人，应该如何面对？

小艾算得上是老江湖了，在4A界说起她的名号，绝大多数人是识得的，谁都知道她是个谈判高手，跟她抢客户，大多时候是行不通的。

小艾一直看重自己的这份业绩，在公司赢得老板和下属的喜爱，而公司之外，虽然对手视她为仇敌，但那份仇视其实是一种嫉妒和尊敬。

当然，千里马也有失蹄的时候。

老板把最新的国际广告客户资料交给小艾的时候，表情特别凝重地说："拿下它，公司 3 年不开张都有饭吃；但若是拿不下它，公司以后在 4A 界就没脸混了。"

小艾清楚这份国际大单的重要性，从对手那里早就传出话来，说就算是生死一战也要把这份大单拿到手。

面对沉甸甸的国际大单，小艾的心情可想而知。

对着下属做会议分析的时候，小艾不止一次地重复提醒："这是一次硬仗，一战决生死，必须胜！"

下属们胆战心惊，小艾心里其实也并不平静。要是国内的单子，她可以想各种办法搞定，这国外的客户连面儿都没见着，到底是少了一份底气的。

全公司上下忙活了一个月后，广告竞标正式开始，小艾的公司一路领先。

就在小艾他们以为胜利在望的时候，突然杀出一匹创意和后续服务都不差的黑马，两家公司几乎打成平手，小艾公司暂时就领先那么一点点。

老板很着急，连夜召开紧急会议，着令小艾不惜一切代价拿下这个单子。

急中出乱。小艾拿出国内那套贿赂的老办法，提着礼物去见国际大单的金主。没想到，此举不出还好，一送礼反而让金主怀疑小艾公司的设计能力。

几乎是一个逆转，黑马胜出，小艾公司落选，这几乎成了 4A 行业内的一个大笑话。

老板气急，小艾也觉得没脸见人，直接递交了辞呈。

有些事，不是递辞呈就能解决的，至少，小艾的生活和温饱需要解决。可是，受了这么大的一个打击，再出去找工作，面子上显然有些挂不住。这时候，小艾怎么想也不会想到，前来安慰她的竟然是那匹黑马。

黑马名叫大山，美国留学回来自办公司创业，跟小艾竞争之前就打听过小艾的种种事迹，一直仰慕，没想到第一次见面竟然成了竞争对手，还把小艾 PK 了下去。

大山邀请小艾到他的公司做事。小艾当然不同意——凭什么给打败自己的人做帮手？就算自己是一个失败者，那也是要讲点面子的。

大山却笑了，反问小艾："一个不曾失败的人，会得到真正的成功吗？"

小艾被问住了。

大山告诉她，自己也是经历无数次失败之后，最终才走到今天这一步的。就在刚刚，两人竞争同一个单子时，他也做好了失败的准备，只是没想到，他幸运地赢了。

大山说，人在职场，最先考虑的应该是输了怎么弥补，而不是赢了如何庆祝。

小艾被说动了，也不得不承认，自入职场以来，自己从未失败过。也正是没有输过，所以一直在赢的感动里活出了自我——这次失败对自己来说，何尝不是另外一种收获？

当然，小艾收获的远不止大山的邀请，还有大山的爱情，这是后话。

我们常说，失败是成功之母，不曾失败，就不曾成功。

成功永远是拿来对比失败的。所以，面对失败，骄傲的女人通常会选择坦然接受，接受风雨的人，才有机会迎接彩虹，难道不是吗？

14. 最有价值的奋斗，始于心

努力奋斗，成了许多年轻人的座右铭。

如何奋斗，又成了许多年轻人最难解的一个问题。身为女人，有了怎样的职场经历才算是真正的奋斗过，这也是一个问题。

Vian 在职场奋斗多年，不甘心只做一个小职员，她的心里一直是有目标的，她梦想着有一天成为公司的管理层，哪怕只是小中层也是好的。

在 30 岁那年，她终于迎来职场的一个大转折：部门主管因为车祸离职在家休养，谁最有资格成为新的部门负责人，一下子成了大家热议的话题。

不少同事认为，Vian 拥有最大的胜算，不仅因为她进公司比其他人早，而且业绩一直不错。更重要的是，公司一直面向俄罗斯做进出口业务，学俄语出身的她又多了一层晋升保障。

大家的热议让 Vian 有些飘飘然，就连她自己在内心也是这样想的：条件如此明显，舍我其谁？

可是，最终结果却让众人大跌眼镜，名不见经传的职场新人抢了主管的位子，唯一的本事据说是：上边有人。

这是一个无法竞争的事实，Vian 除了认输，就是生气——真本事有时候比不得一个靠山来得实在。

所有人都替 Vian 不值，而正是众人的同情让她决定从头开始：她要辞职，自办公司开始创业，为自己奋斗一次。

所有人都说 Vian 疯了，包括谈了 3 年即将结婚的男朋友。看到她把准备办嫁妆的钱拿出来选门面、搞装修，男朋友差点跟她分手，说 30 岁的女人，结婚之后生个孩子，一辈子就这样安稳地过完了，这种时候还谈什么奋斗？

父母也不理解，认为她这是在拿钱打水漂。

Vian 不解释，也不言语，只做自己想做的事。

她认为，自己开公司，只要全力以赴，哪怕失败，也要败得光明磊落，不至于像原来的公司那样，全靠关系吃饭——那样会令她不耻。

在争议声中，公司如期开业。

Vian 在开业典礼上表示：这是自己奋斗的一个起点。其实，在她心里还有一句潜台词：我一定要赢。只是她没说出来，因为 30 岁的年纪让她明白，职场之中，结果比过程重要。

为了公司业务能顺利开展，Vian 和自己较上了劲儿，只要客户有合作意图，她就不远千里地来回奔波，希望打动对方以此促成合作。

为此，她耽误了跟男朋友的约会，也耽搁了婚礼的准备，这让男朋友很生气，两人差点闹到分手。

看到最爱的人无法理解自己，Vian 第一次在男朋友面前示弱。她哭着说，其实毕业那会儿她就想自己开家公司，但是遭到父母的反对——他们认为一个女孩子只要有份工作，安安稳稳，将来嫁人就成了。现在，终于开了属于自己的公司，如果男朋友再不理解和支持自己，那她这辈子要为之奋斗的梦想可能真的就完了。

男朋友的心被哭软了，他站在了 Vian 这边，为了她追一个单子，还主动把婚期延迟了。

在两人的共同努力下，公司终于开张了，业务从一个单子到两个，从两个到四个，公司越来越忙，Vian 成了名副其实的女强人。

在之前公司受过不公待遇的同事，也三三两两前来投奔 Vian。大家都把她当成偶像，认为 30 岁的人还敢重新奋斗，真是英雄。

Vian 却告诉大家："奋斗什么时候都不晚，而最有价值的奋斗，始于心。你的心告诉自己，如果可以重新开始，那就听从它，好好去奋斗。"

奋斗不是一句口号，是一种行为。

聪明的女人永远知道自己需要的是什么。想要爱情，就努力去奋斗爱情。想要事业，就努力去奋斗事业。

最有价值的奋斗，始于心——跟着心走，用心去努力，总有一天会有所收获。

15. 只要路是对的，就别惧怕路远

男怕选错行，那样一辈子也可能无法出头。女怕嫁错郎，那样一生的幸福会就此埋葬。选职业如嫁人，入错行，有可能半辈子都陷在错误里难以自拔。

跟对人，走对路，很重要。

Chen 生来漂亮，学识又好，如果不是家道败落，怕一辈子都是公主命，走到哪儿都会让人笑脸相迎——可是身为公职人员的父亲犯了贪污罪，锒铛入狱，母亲也跑了。

刚读到大三的 Chen 不得不辍学出来打工，自己养活自己。

初入社会，Chen 的要求很简单，能解决一日三餐就行，却不承想，职场凶险，因为长得漂亮，她总是被好色之徒骚扰。不知道是年龄小还是过于单纯，她总是分不清好坏人，也没少吃亏上当，直到遇上了好心的饭店老板娘王姐。

Chen 在当饭店服务员时，被色狼盯上，王姐宁可得罪客人也站在 Chen 这头，把她感动得一直哭。

听说了 Chen 的故事之后，王姐决定认她做妹妹，问她最想做的是什么。她说要挣好多钱，然后把父亲从监狱里保释出来。

王姐看 Chen 在做面食帮工的时候手脚很麻利，于是决定出钱送她去学西点制作，一来只需 3 个月就能出徒，二来做西点成本低，赚钱比较快。

Chen 带着王姐给的学费进了培训西点制作的学校，很快掌握了本领，但是学成回来后又后悔了，因为开店需要 10 万元左右的成本，而这些钱，开着小饭店的王姐也拿不出来。

Chen 最后还是决定先打工，她去了一家面包店做店员，薪水不高，却足够养活自己。王姐告诉她，先稳定生活，再慢慢打算。

有了王姐的鼓励和支持，Chen 很快在面包店站住了脚。手艺好，人勤快，不出两年就成了店里的主角，老板一再给她加薪。

不料在年底的时候，她还是辞职了。她拿着自己攒下来的几万块，加上王姐帮忙借的几万元，凑起来开了家属于自己的西品店。

第一年，西品店生意一般，Chen 想尽办法，还是赚回了成本，把钱还给了王姐。第二年，西品店生意红火，Chen 招兵买马，将赚回来的钱投了第二家店……

如今已经是第五年，她交清了父亲的保证金，父亲已经成功地减刑 3 年，也快出来了。

成熟的 Chen，说话办事有了些女强人的本色，一头利落的短发让她看起来更加妩媚。

Chen 说，自己最感谢的人是王姐，她让自己明白，只要选对路，总有一天会成功。她坦诚地说，其实一开始她也想过找一些轻松点的工作，哪怕是被男人吃点豆腐，占点便宜，只要能赚回钱来就成。可是王姐告诉她，做女人需要有骨气，一步错，步步错，绝对不能那样做。

现在看来，王姐就是 Chen 的指路人。

职业，没有高低贵贱之分——做人却有。

骄傲的女人，不管做着哪种职业，都要心存一份傲气，不能放弃自己，更不放弃理想。只要路是对的，就别惧怕路远，坚持走下去，总有一天理想会实现。

第四卷：骄傲地拒绝现实的魅惑

诱惑之于现实，是春药。诱惑之于女人，是毒药。诱惑之于岁月，却是解药。认得清现实，放得下诱惑，岁月之于女人的，是永恒的智慧。

1. 好名声是女人最好的嫁妆

女人出嫁的嫁妆，最贵重的是什么？

不是陪嫁的金银细软有多少，而是好名声。

说到底，女人的名声就是婆家的面子，影响婆家面子的人，哪还能进得了婆家门？

所以说，好名声才是女人最好的嫁妆。

有两个朋友小唐和小杨，小唐长得比小杨漂亮，自然受到男生的关注也比小杨多。两人是朋友也是情敌，因为她们都喜欢一个叫伟的男生，不仅因为伟长得帅气，为人温和，更因为他的家世好，父亲是有名的企业家。

小唐坚决要嫁进伟家，不惜重金包装自己，还常常送伟的母亲一些贵重礼物；而小杨深知自己外表比不上小唐，只好把这份感情深藏心底。

伟和小唐走得也有些近，好多人以为两人走着走着就会结婚，却不料，一年之后伟娶进门的却是小杨，原因是透过伟的母亲透露出来的。

原来，伟的母亲起初也喜欢人也漂亮、嘴巴又甜的小唐，没想到，在一次同学会上，她偶然从老同学那里听说小唐的母亲名声不太好，嫁了几任老公都不肯好好过日子。

这直接影响了小唐在伟的母亲心里的印象，她认定，性格是可能遗传的，于是下了命令，让儿子跟小唐断交。

小唐败得一塌糊涂又莫名其妙。之后，小杨成功上位。

瞧瞧，连上辈的名声都能影响人一生的幸福，又何况还是自个儿留下来的名声？

骄傲的女人要懂得维护自己的名声，学会建立自己的良好人际关系，杜绝乱七八糟的社会关系，给自己一份清静，同时也为自己攒下一份好嫁妆。

爱名声的女人，将来才会被老公爱。

有好名声的女人，才会有美好未来。

女人一定要谨记，留一份好名声，不管嫁给什么人，都是将来骄傲的资本。

2. 不妨试试新的恋爱规则

相识多年的一位90后女生，突然发来一条信息说："姐姐，我和他分手了。"

我不禁哑然。她的恋爱故事我是很清楚的，从相识到牵手，能走到今天不容易，所以我十分关切地问："谁提出来的？"

女生微微迟疑了一下，说："我们已经一个月不联系了。"

一个月不联系，这便是分手？我诧异于他们的分手理由，不由得多问了一句："这就是理由？这就算是结束了？"

女生发来一个"笑脸"，不无委婉地回问："姐姐是哪个年代的人呀，这点规则都不懂？两个相爱的人怎么可能一个月不联络，分手还需要说理由？多老土！"

想来，我是老了。记起当初的每一段恋情，开始时的甜蜜或许都一样，可分手时的理由各有不同——要么是对方有些习惯是自己接受不了的，要么是两个人没有共同语言，就连过马路对方不能及时走到自己的右边这也算得上分手的理由，可就是没有一声不吭便分手的。

最让我记忆尤深的一次分手，是因为对方实在太好，哪里也挑不出毛病，可因为是异地恋，所以不得不痛苦地做出抉择。

吃完最后一顿晚餐，我们互道珍重和平安，完全不似分手的情侣，更像一对老朋友，直至后来还在日记里写道："爱他才放手。"

连爱都成了分手的理由，不得不说，在我们那个年龄段的人看来，活得过于烦琐。

不久，该女生又恋爱了，在 QQ 里兴高采烈地说："姐姐，我又恋爱了。"

我为她高兴，可接下来她说的话又让我哑然。她说："我们是网恋，聊了一整天，见了面感觉不错，当天就在一起了。"

我差点没被她的话呛着，急忙打出一长串劝告，说什么网恋不可靠，进展太快女人伤不起，甚至连她父母的角度都考虑了——告诚她必须征得家里人的认同。

没想到，这些劝解全是白费。

女生不无嘲讽地笑我说："姐姐，什么年代了，谈场恋爱有这么难吗？喜欢就拥有，哪有那么多烦琐之事？等考虑清楚了，怕黄花菜都凉了！"

我又无语了。

不求天长地久，只求曾经拥有——自己年轻时也曾有过这种狂热的时候吧？可回想了半天才惊觉，自己这半辈子是白活了，哪一次恋爱都力求轰轰烈烈，可一旦有人跳出来说"你们不合适"，心底那份激情就会溜走。

最伤人的一次是，某次相亲，首次见面感觉尚不错，可就因为男方在过马路时牵了一下我的手，便被我视为不礼貌，坚决跟对方说再见。现在想想，实在是不解风情呀！

小女生笑嘻嘻地说："姐姐，好好反省吧，新爱情规则你根本不懂。"

"喜欢了就拥有，别问是否能长久。不爱了就断线，懒得跟你说再见。"这种新爱情规则，看来是需要学习了，听说正流行。

嗯，好吧，骄傲的女人，不妨试试新的恋爱规则，做一回世俗里的小清新——当然，基本原则不能丢，不要将爱演化成伤害，一次只爱一个人。

3. 诱惑，多么美，多么罪

诱惑一词，最早出自《淮南子》。诱：诱导；惑：给人假象。字面意思是：诱导别人离开自己的思维方式与行动准则，步入预先设好的局。这个局里有太多东西，足以让对方迷恋，并为之神魂颠倒。在对方迷失自己之后，预先设局的人就有机会达成自己的目的，而入局的人面对失败只有感叹：被诱惑了。

诱惑很多，之于男人，以"酒色财气"著称。

"酒是烧身硝焰，色为割肉钢刀，财多招忌损人苗，气是无烟火药。"通俗一点讲，酒伤身误事，色误国误民，财越多越贪，而气伤人害己。

身为男人，多以热血男儿自居，不成名不足以立世，不成功不足以祭祖。而一旦成名，财富、权力、美女就像华丽袍子上的点缀，缺一不可。凡此种种，又成了另一种诱惑男人的武器——所以才有了贪污、受贿、寡义等一系列坏事，在功名利禄的诱惑大旗下，多数男人难以修成正道。

而之于女人，诱惑更多，她们是易于感动却不易于满足的动物。感动之于女人往往很容易，一句宽慰的话，一件御寒的衣物，甚至心上人一个似有若无的微笑，她们都会很感动。

感动多了，诱惑也产生了，引得她们想靠近——这种靠近就叫不满足。

不满足的女人，容易创造骇世听闻，比如唐时武则天，因为不满足，所以临朝称制，乾坤独断；比如清末慈禧太后，专权、奢侈无度，最终加速清朝走向衰落。不满足是诱惑女人产生私心的恶魔，诱惑一多，祸起萧墙。

"好风凭借力，送我上青云。"身为凡夫俗子，面对诱惑自然不免少了份坦然，就连童话故事里的白雪公主，都差点因一个苹果的诱惑而险些丧命，对于现实中人，怕更难走出诱惑的泥沼。

面对自己早就想要却一直不曾得到的东西，怕没有人不动心，怕没有人不想要。

诱惑伊始，很美，如诗如画，门外的人以为遇上了仙境；诱惑过后，很深的罪责便会产生，自批自毁者众；幡然醒悟之后，面对的却是无力挽回的败局。

于是，才有了悔不当初。面对失去的一切，失败者多说同样的一句话：我不该想要那么多……

想要的东西叫欲望，而欲望是诱惑人的唯一利器。因为有欲望，所以拒绝不了诱惑的美；拒绝不了诱惑，便难以抵挡走向罪恶的脚步。《史记·货殖列传》中有一句话："天下熙熙，皆为利来；天下攘攘，皆为利往。"这种"利"其实就是诱惑，支配这种来来往往的力量就叫欲望。

能诱惑人的东西，归纳到一起，只有一样：欲望。

诱惑多么美，欲望就多么大。作家林清玄说：心水如果澄清，什么山水花树在上面都是美丽的；心水如果污浊，再美丽的花照在上面都是污秽的东西。

愿望是美好的，可诱惑来袭时，又有几人能心静如水？

骄傲的女人，面对诱惑，请一定谨记，所有你期望得到的东西，都是需要付出代价的——诱惑越美，代价越重，认清想要的是什么，不要给自己留下遗憾和悔恨。

4. 情圣是一种病

女人在爱情路上最忌讳的就是得遇情圣男，最怕的就是爱上禽兽男。

曾见识过一个情场上呼风唤雨的情圣男，仗着家世好、长相尚可，凭着一张抹了蜜糖的伶俐嘴在女人堆里翻滚，据说跟他同时约会的女人不下一打。约会时间对他来说，一三五和二四六完全不够用，最繁忙的时候需要不断地赶场。

对此，他曾骄傲地对始终无人爱的那些孤单男炫耀说："周末上午9九点陪小A逛街，11点跟网恋的小B视频，晚上还要记得跟小C去看午夜场……做男人真累啊！"

不知他是用什么借口，一天之中周旋于众多女人之中的，但却真的未见有女人质疑或是大闹过，姐妹们都相安无事。该情圣男的游刃有余功夫，羡煞了无数男同事。

相较于情圣男，还有一种为人不耻的男人俗称"禽兽"。这类男人不会轻易爱上某个女人，对于爱上自己的女人不拒绝，不主动，不承诺，就像猎人等待猎物一般，一旦有女人主动靠近，总是在伤害之后一笑而过。

女人还单纯地认为，自己有能力拯救一位世纪末的浪子呢，却不料，禽兽男要的只是一时欢愉，甚至接受暴力倾向的欢愉——爱上这类男人的女人，只有独自伤心的份儿了。

禽兽男不会轻易被打动，更不会轻易回头，对他们来说，爱你就是曾经拥有，过去就一定会忘记并坚决弃之。

禽兽男表相不一定残忍，或许长相还可以十分英俊，但内心却是冰冷一片，只有遇上将其融化的女人，才会改邪归正，一心一意。

不少电影里会有这样的情节：

某位江湖大哥，在外面可谓是呼风唤雨，对于手下稍出差池的兄弟非杀即打，其残忍程度令人发指。于是有人想钻空子，跑到其老婆孩子面前挑拨是非，试图让其后院起火。

却不料，其妻对于这类挑拨视而不见，且坚信自己的老公是世上绝无仅有的好男人，比如，他会亲自下厨，肯伏下身子让孩子当马骑，甚至也从不会忘记情人节的玫瑰……

如此好男人，哪个女人会轻易相信他在外面是混社会的人呢？在外面，此男不可谓不禽兽，杀人不眨眼，可在自己心爱的女人面前，他或许比羊还要温顺呢。

对于禽兽男的专一，情圣男不屑一顾：这天下从一而终的女人不少，可从一而终的男人则有些令人不齿！

当然，"常在河边走，哪能不湿鞋"，终于有一天，情圣男的3个女友齐齐打上门来，原因是：过圣诞节时，情圣男送的3份礼物均写错了名字，小A的送给了小B，小B的送给了小C，小C的又沦落进了小A手里。

3个女人一合计，这才知道自己受了骗，于是寻着地址聚齐，商量好了对策同时出拳，直打得情圣男满地找牙！

所有人都以为情圣男会就此收手，却不料，旧伤还未养好，他又开始了新一轮的恋爱，不过这一次学聪明了：一个是本地女友，随时可以见面；另一个是异地恋，午夜孤独时可以随时寻求安慰。情圣男对此做的解释是："一远一近，如此才安全。"他是安全了，跟他恋爱的女人岂是一个惨字了得！

由此看来，情圣是一种病，多情又滥情，这样的男人需要的永远是多角恋，他们需要借女人的包围来显示自己的能力和魅力，不仅虚荣，更虚伪。

相较来看，禽兽男反而显得较为老实，他不会轻易爱上别人，不会轻易抛出诺言去哄女人——他们想要的或许太多，又或许不多，无论怎样，至少还肯真实地展现自己。禽兽男只要心是热的，跳动的，就总有一天会爱上你，且极有可能忠诚。

禽兽有一天会成为家禽，而情圣永是把自己摆在供桌上了。所以，女人如果不幸遇上禽兽男和情圣男，宁选禽兽，也要果断Pass情圣。

5. 投资婚姻不如投资自己

肖媮是个标准的女白领，每天出入高级写字楼，喝舶来咖啡，泡健身美容吧，要多小资就多小资。而她的个性又极随和，朋友也多，日子过得逍遥不已。

但最近，她却添了一件烦心事儿，年近 30 岁，待字闺中，自个儿虽说不急，但父母已经下了"逼婚令"，限她 30 岁之前无论如何要嫁掉。

在肖媮心里，婚姻是一种另类投资，特别是对女人来说，简直就是第二次投胎。所以，她的选择慎之又慎，外在的形象、职业、家世，内在的人品、学识、性格，都要一一进行考察。

还好，上苍不负有心人，极近完美的男人还真让她找到了。

对方不仅年龄与其相衬，且才华横溢，自己还有一家公司，算是事业有成。这样的青年才俊让肖媮遇上，她自然不会随便放过，于是使出浑身解数，让对方爱上了自己。

相处小半年之后，她借生日之际暗示对方，彼此都是大龄青年，可以结婚了。对方表面有些犹豫，但经不住肖媮一而再再而三的暗示，半推半就之下，两人步入了婚姻殿堂。

肖媮在众人祝福跟羡慕的注视下嫁做人妇，她以为从此便可以过上贵妇般的生活，却不料，结了婚才发现，房子是贷款买的，每月有好几千元的还贷压力。车虽然还算说得过去，但婚后第三个月，老公的公司就宣布破产了，车被人拉去抵了债。

一场金童玉女的豪门婚姻，只一个转身，便成了众人的笑资。肖婀有些日子都不好意思出门，总感觉自己的婚姻像极了当下的股市，倾斜而下的熊市赔得她措手不及——在这场婚姻的投资里，她觉得自己赔大了。

男大当婚，女大当嫁，婚姻是每个人必走的一步路。不论男女，在婚姻伊始都易去做比较，我们容易将自己最需要的东西放在首位，或是感情，或是经济。

但现实总是与我们的想象相去甚远——我们竟然忘记了，婚姻承载不了那么多的要求，与其在现实中去创造理想，倒不如在理想中去创造现实更可靠。

别把婚姻当成投资，婚姻里没有永远的胜利，也没有永远的败落，毕竟婚姻不是股市，抛一只股票容易，抛一段婚姻可没那么简单。

每个人都有可能遇上不合适的爱情，每场婚姻都有可能遇上鞋不合脚的时候，把婚姻适时回归到原本的模样，让它做自己心灵的归属地，而不是承载太多现实的要求——只有减了负荷的婚姻才不容易失落，更容易长久。

一个表面骄傲的女人，自尊大过天，总希望在婚姻上胜人一筹，容易把婚姻当股市中的潜力股，却忽略了幸福的实质，这是不可取的——投资婚姻，不如投资自己。

6. 多少爱情死在攀比上

谁都看得见乔小惜的漂亮——招摇过市的漂亮，令哪个男人见了都会回头。

这样的女生，在爱情里自然是百般挑拣，还好，终是找了一个职业不错、家世尚好的男生，对她亦是百依百顺。

按理说，这样的生活让人够满足的了。可偏偏，乔小惜三天两头跟对方哭闹个不休，原来是因为一根哈根达斯——

两人外出逛街，乔小惜想吃冰点，对方颇不解风情地买来一大堆冰糕，唯独没有哈根达斯。

乔小惜一怒之下转身离去，等到对方追上来问明白了才知道，哈根达斯有一句广告语是：爱她，就给她吃哈根达斯。

经历了这样的事情之后，深爱着乔小惜的男友学乖了，每天定时送一根哈根达斯，这才换得芳心归。

可最近两人又闹上了，原因是：乔小惜过生日，男友送的玫瑰少了两朵——男生送了9朵，取长长久久的意思，而乔小惜非说，只有11朵才能代表一生一世的长久。

无奈，男友黯然失语。

晚上，乔小惜好不容易原谅了男友，允许他跟自己一起庆祝生日，偏偏在酒店又遇上同一天过生日的另一个女孩：对方的男友给她送了一大束玫瑰不说，还送了昂贵的钻戒。所有人羡慕的目光着实给了女孩莫大的惊喜，也着实给了乔小惜不小打击。

乔小惜愤然离开座位，边走边数落男友的不是，什么约会迟到，什么舍不得花钱，什么衣服没品味……

其实说来说去，只有她自己心里明白，这个生日过得比人家逊色了不少，令她很没面子。

男友终于因为受不了乔小惜不时的埋怨和不断的攀比，愤然提出了分手。

事后没多久，男友跟另一个女孩好上了，两人在一起过得无比甜蜜。

乔小惜看到过那个女孩子，不及自己漂亮，个头也不高，但前男友就是不可抑制地喜欢对方，也不时地送些小礼物——那些礼物在乔小惜眼里曾经不值一钱，比如一个储钱罐，一条纱巾，甚至她还听说，女孩过生日时，前男友只送了一朵玫瑰……

这些境状，若换作是乔小惜，她是断然不会接受的，也决不会原谅对方的。可偏偏，那个女孩甘之如饴。她不明白，顾不得矜持，跑去问对方原因，女孩淡淡一笑说："其实没什么，只要是他送的，我都喜欢，因为我爱他。"

乔小惜不屑一顾地说："之所以要求他做到最好，也是因为我爱他，希望他给我最好的呀！"

女孩笑着说："这世上所有的东西都可以攀比，唯有感情不能。感情的攀比是件伤人的事情，不仅伤了对方那颗赤诚的心，且会伤了你自己，因为你很可能由此失去对方。这世上好东西着实太多了，我们不可能一一做比较，而且相比爱情，那些攀比真的值得吗？"

乔小惜忍不住落泪。她终于明白，攀比感情就是一场战争，自己还没开始宣战就已经被打败了，且永远失去了再战的权利。

女人要记住了，爱情其实没有可比性，人尚不能做到完满，何况爱情？不要光看别人恋爱里的浪漫跟华贵，指不定他们背地里也正暗暗跟你做比较呢，人心不足蛇吞象的道理，想必你是懂得的吧？人前显贵，人后受罪的故事，想必你也听过吧？

说来说去，其实只要你们是相爱的，那就够了，比来比去的最后结局只能是两败俱伤，且这一伤会令对方重新审视你。如果人家大踏步离去，那你可就真的人财两空了！

不爱了，可以走开；选择了，就要全力以赴去爱。就算是女王，也要明白攀比不可取。

7. 别让爱情过劳死

我们总以为，有机会相爱的两个人很容易就会得到天长地久，就像发了喜帖的婚礼总会有宴席一样——却不料，同事小 Q 却给了我们另外一个答案。

上个月，刚刚发完喜帖的她被相恋 4 年的男友莫名其妙地甩了，据说男方的理由只有俩字：累了。

这样的解释别说小 Q 接受不了，连我们这些局外人都难以相信，因为我们常常看到的景象是——

下雨天，男友送给小 Q 的雨伞；小 Q 生理期，男友那碗从南城带到北城的粥；小 Q 生日时，男友把场面搞得盛大到足以拼土豪，过后他却甘心啃两个月的方便面；就连男友的求婚也让人羡慕得不得了——城北最大的 LED 屏上显示着小 Q 的名字，以及他们相爱 4 年的精选照片合集……

往事历历，证据历历，怎么可能在婚礼前突然变卦？莫不是男方有了外心？对于这些猜疑，小 Q 第一时间反对，她说："怎么可能？我天天跟他在一起。"

可是，就是天天在一起，天天很爱她的男友突然转身了，连解释都懒得说，这更加让人不解，小 Q 更是用了很长一段时间才走出失恋的阴影。

直到半年后，我去参加一场学术会，碰到了同行的小 Q 的前男友，聊起来才知道他竟然一直单身，完全不是当初我们猜测的那样——有了外心。

我把小 Q 的委屈以及心里的疑问统统发泄了出来，多少有点为小 Q 鸣不平的意思。

该男子默默听完，这才长叹一口气，说："其实，你看到的都是事物的表面，事实恰恰相反。"

他的话让我诧异，之后，他的解释更令我难受。

原来，之前我们看到的所谓雨天送伞，是小 Q 打 N 遍电话逼着正在上班的他来秀恩爱的。

生理期那碗热粥，更是小 Q 撒娇所为，其实，那天他因为一碗粥耽误了跟重要客户的见面。

生日宴上的豪爽，完全是小 Q 的虚荣心所致，她以分手相逼，他才不得不大出血。

就连那场浪漫到足以秒杀所有女人心的求婚，也是小 Q 哭闹很久的结果……

听他说完，我不禁唏嘘，以为是相爱才做的那些事，眼下看来是小 Q 一厢情愿，而这恰恰是前男友最苦不堪言的地方。

该男子说："我真的累了，她就像个孩子一样，不停地提要求。以至于弄得我最怕的事情就是听到她的电话，看到她的短信，甚至见到她的人，生怕她没完没了地提要求，满足不了又没完没了地发脾气，痛定思痛之后我才……"

至此，我深深理解了小 Q 的前男友。

爱一个人最好的表达方式，就是对自己有要求，对对方没要求——因为深爱对方，所以总怕打扰对方，这才是爱的最高境界。

但是小 Q 恰巧做反了，她认为对方爱自己就应该按自己的要求来，可以无视对方的工作、心情，甚至所处的环境……这种爱是典型的过劳死，为难了对方，也累死了爱情。

爱情世界里，不管是男人还是女人，最希望相处的另一半是能令自己轻松和愉悦的那个人，如果让对方感觉到的是无时无刻不得不提防的小心，和打着爱的名义没完没了地提要求，以折磨爱情的方式来肯定爱情，那么结果只有一种——吓跑爱情。

爱情需要的是付出和包容，而不是一味地索取和计较，别让爱情过劳死，不然到时候哭的是自己。

想要成为一名爱情中的骄傲女王，高姿态不是征服爱情的唯一表达，真正的爱情是相互尊重，相互包容的——令人感觉轻松的爱情，才是真正的美好。

8. 骄傲女王，食男请食营养男

社会与时俱进，女人也与时俱进，从过去的从一而终，到如今的挑挑拣拣，执手就要白头的爱情模式已经不适合女人，她们要的是一场革命——之于女人，食男时代已然到来。

女人，不是不食色，只是色未到浓时。

青春年少的女孩喜欢阳光健康的男人，除了彼此交换青春以外，女孩还能收获最殷勤的照顾和赞美——爱情是朵开在唇边的花儿，女孩希望自己的青春永远是明媚的，被赞扬的。

稍成熟些的女人喜欢体贴、幽默的男人，之于成熟女人来说，跟一个让自己舒服的男人交往是愉快的。此时，她们需要的不仅是感官上的刺激，更多的还是踏实的心情。

"食男"时代，不同年龄阶段的女人的选择是不同的，但她们却懂得一个道理：食男要食营养男。

有营养的男人是学识丰富的男人，他们是女人最好的史学老师，能让自己不用再翻阅冗长的历史书卷。在女人眼里，有学识的男人就算调教起来也是容易的，只需指明例子，他们便会心悦诚服地改进自己，而不用辛苦地三令五申。

有营养的男人是幽默开朗的男人，相较于性格忧郁的男人，此类男人就像一道阳光，总能为女人撕破阴霾。

在充满残酷竞争的社会，女人每天面对职场死伤已然累了，没有哪个会永远喜欢"梁式忧郁"，也没有哪个能抵挡得了令自己身心愉悦的男人。

有营养的男人是能在适当的时候给予女人帮助的男人，他们可以是职场上的精英、生活上的强者，让女人的事业一帆风顺，一生路途平坦。当然，也可以不是学富五车、家资丰厚，但一定是聪明的，知道社会艰险、人世艰难，能在女人走弯路的时候适时伸出援手，以免走错了路白白受苦——这样的男人，是女人心灵上的依赖。

有营养的男人不仅把女人记在心上，还处处表现在行动上，女人被这样的男人爱，不仅是一种幸福，还是一种幸运——谁都知道，一碗实实在在的汤饭暖得过"我爱你"这句情话。

心是随时会变的，也是看不见摸不着的东西，行动却是真实的，是在发生的实际。

有营养的男人一定是因时而立、适时而退的男人，他们知道什么时候出现易得女人心，他们也明白什么时候退出会让女人记住而不是嫉恨——这样的男人是女人永远戒不掉的毒，也是女人期盼着能与之相守一生的男人。

可惜的是，得到的总是不珍惜，珍惜的总是得不到，所以，这样的男人常常只存在于女人的臆想里。

食色的女人不可耻，食男的女人很聪明。

吃饭要吃营养餐，食男要食营养男，有营养的男人看似很多，实际生活中却很少。所以，骄傲的女王，食男请食营养男——失去养分的男人，不要也罢。

9. 金钱和美酒，饮而不醉才是真本领

男人难解的诱惑是美酒与女人，女人难解的诱惑是金钱与爱情。金钱如酒，总能把女人灌醉——透过酒醉看女人，就如同透过金钱试诱惑。

女人喝酒，通常与爱情有关。

每一段爱情都只有两个版本，一是战胜，二是战败。

战胜的女人细翘着兰花小指，举一杯媚惑男人的酒，灿如向阳花儿；战败的女人只能端着大杯的孤单，不论姿势，只求喝醉，所谓一醉解千愁，在酒精中让悲伤得以释放，柔肠变铁石，天亮了，再战下一场！

不论成败，唯一不变的主角只有一个，那就是酒。

有句话说，不用香水的女人没有未来，不会喝酒的女人不解风情。女人喝酒偶尔是失意，偶尔是应酬。

失意的酒喝得令人心疼，如果此时有男人主动上前关心，女人一定要记得，给人家一个笑容，真诚一些的笑容；如果此时有男人想贪点儿小便宜，那对不起，这年头淑女做得早就累了，伸脚出去，能踢多远，就让他滚多远！

应酬场上的男人，想来思想都不够单纯，总以为酒色不分家，喝酒的时候大多把女人当下酒菜了。没关系，先把合同签了，再告诉色迷迷的男人：酒，越陈越好；女人，越年轻越好，想吃嫩豆腐，请绕道而行，本姑娘早就名花有主！

这种事，发生也罢，不发生也罢，反正有酒在，发生了就当喝多了——计较酒后醉话的男人就算有，也不会跟你秋后算账的；如果没发生，那就恭喜你，酒让你看清了一个男人的真正面目。

透过酒杯看男人，这是女人最实用的法术。

男人醉酒会想到很多女人，大多是他没得手的——他醉，而你要清醒，要清楚地问他：到底哪个女人生在你心底？问明白了，如果那个女人不是自己，你就可以多做一些准备了。

而女人不一样，想到的男人只有一个，且多是抛弃自己、伤自己最深的那个。理由很简单：女人天生感性，要么在爱情中沉沦，要么在爱情死去，最不甘心的，就是曾经"天地合，乃敢与君绝"的爱情到底为何变了味儿？

她们想不明白，所以就会永远想下去，一不小心，那个决绝离去的男人就成了主角，在女人的酒杯里折腾来折腾去。

相信这世上的女子没几个不喝酒的，多与少是其次，主要是心情。心情好，或许会对饮；心情不好，肯定会选择独饮。饮滋味香醇的陈酒，想百转千回的往事——醉与不醉之间，酒就成了女人的患难之交。

之于男人，酒是情场上的催化剂，他们以为握住了酒杯，就等于握住了女人的手——只要你敢喝，他就敢下手抓紧你；只要你敢醉，他就敢跟你同床共枕，管你乐意不乐意，天亮后拍拍屁股说，喝多了。

听听，连说对不起都省了，仿佛喝多了就可以胡作非为，喝多了就可以不负责任。说到这里，男人可能会叫屈：你不是也没拒绝吗？

是，女人没有拒绝，不是因爱无拒，而是因为喝多了，有心无力。

所以，失身留情隔着一杯酒的距离，就成了暧昧的游戏筹码——酒桌上的女人过于风情，酒杯里的时光过于暧昧，天亮之后承认一切是个错吧，晚了。

酒是女人暂时忘却痛苦的药，酒是女人敞开胸怀的药，酒赋予了女人半眯眼神的风情，酒满足了女人倾诉的欲望。

这世上没有永远不醉的酒，也没有戏文里永恒不变的爱情，看透这一切的女人，莫如一醉，让酒来抚平心中愁绪，也不失为一种安慰。

因为，一旦你醉了，倒在酒的怀里，远比倒在男人的怀里要安全得多。

骄傲的女人，通常知道什么时候会醉，什么时候该醉，也知道什么时候不能醉，就如同金钱带来的诱惑一样：什么时候该伸手，什么时候该拒绝——是自己的，永远争取；不是自己的，越是免费给你的，越值得去深思，毕竟天下没有免费的午餐，你见过哪个灰太狼会好心地为小羊送上火鸡大餐的？

金钱如美酒，饮而不醉，才是值得修炼的女王课程。

10. 骄傲抉择，如何取其一瓢饮

"弱水三千，只取一瓢饮。"这是佛家留下的话，却被世人奉为"圣旨"。

只可惜，佛早化古，活在当下的人对爱情看得越来越透，甚至已经没有人再去问佛。

要我说，佛之所以如此倡导爱之专一，理由只有一个：佛不曾爱，他的胸怀虽然宽广，但他终究是不食人间烟火，不解世象风情的世外之人。

红尘男女，真正经历过爱情的人，没有谁会永远不被爱所伤害，没有谁会永远将爱握在手心里——

可以为爱迷醉，为爱挣扎，为爱穿越沧海桑田，为爱力求凤凰涅槃，但绝对不能为爱"只取一瓢饮"！

一个女孩，并非多漂亮，只是够青春，够开朗，她的身后就会跟着大批优秀的男孩。当某一个男孩怀抱玫瑰，志忑相求的时候，女孩口吐莲花般地拒绝：我们还年轻，能不能先打拼几年再说？

男孩子的心会受一些打击，但当着女孩子的面还是不停地点头，甚至还说了些赞许对方有远见之类的话。

然而，当另一个女孩子出现，只是抛给他一个媚眼，男孩子的心立即就乱了，收拾起昨夜过后依然艳丽的玫瑰，乖乖地双手奉上。再见前任的时候，男孩子甚至会大言不惭地告诉她：你不选择我，自然还有人喜欢！

男孩子那骄傲的架势，就差下一纸战书。心眼小点儿的女孩子肯定会被气哭，因为她不明白，自己只是想让彼此多打拼一下事业而已，怎一个转身就成了天涯呢？

或许有人会劝她，这男孩子不够专心，早分早利索。

可细想，人家不是不专心，人家只是不想只饮你这"一瓢水"而已！在你以为自己依然在他心里的时候，人家其实早就开始寻找下家了，目光流转，春光无限。

爱是什么呢？似乎没有什么可以拿来比喻，想来它是柔韧如丝，利刃难断，却禁不起滴水浸蚀。

真的，爱这个字容易出口，却不容易坚守，应该学会将它锁进心灵深处，缘分来扰时，再拿出来也不迟。

所以，别再相信"弱水三千，只取一瓢饮"的说法，这世上没有谁会等待你一辈子，也没有谁会放弃比你更优秀的彼岸。

当然，你也不必死抱一棵大树，而令自己失去飞翔的自由。这年头讲究的是"不在乎天长地久，只在乎曾经拥有"，能够真心实意就够。

滚滚红尘中，两颗心从相遇到经受住磨合，从最初的灵犀一动，到最终的浑然一体，是需要在不断地比较中前进的。所以弱水三千，千万别取一瓢饮，在相互对比中，给自己寻一瓢最合适的来饮，这才是真的聪明。

骄傲的女王，绝对是要给自己留后路的，此一瓢纵然情深，奈何它能为你解渴，也说不定某天会成为他人杯中物。所以，取一瓢好好爱，可以；饮一瓢好好品，也未尝不可——难的是，如何抉择才能令自己少受伤，或不受伤。

11. 有些感激，不要急着去报恩

世上最柔软同时也最坚硬的东西是什么？

答案是：女人心。

女人的心坚硬起来，任你如何劝，她都不会回头。女人的心柔软起来，恶魔也好，妖精也罢，她都愿意去拯救。更有甚者，给女人一点儿恩惠，总是会被女人铭记、感恩一辈子。

安乔就是这样的女人，她受不得别人对自己有一点点好，特别是在分手后的那几个月里，她更是把男同学吴为当成了知音。

说起分手，安乔的心就难以平静——男朋友不知为何连句再见也没跟她说，人就消失了。等回来时，男朋友带的女人肚子都大了一圈，这份耻辱让正在准备婚礼的安乔无法接受，她哭过闹过，甚至试图自杀过，最后都被家人拦了下来。

安乔随即在朋友圈发了微信，问有没有人陪自己去云南旅行。其实，这不过是随口说说，却被男同学吴为当了真。

在机场，当安乔遇上吴为时，这才明白，他是看了朋友圈的消息特意一直在机场等自己的，她的心微微有些感动。接下来，两人一起游云南，更让友谊再进一步。而再接下来发生的事，更让安乔把吴为当成了恩人。

爬雪山的时候，突遇小规模雪崩，不知所措的导游丢下众人跑了。走在最前面的安乔眼见危险降临，吴为跑上前抱着她转了一个圈，互换位置之后，碎雪石全都打到了他的身上。

安乔仿佛听到一声骨头断裂的声音，接着吴为就倒了下去。当所有人七手八脚抬着吴为下山的时候，有人感慨安乔找了一个好男人，安乔无言以对。

好在送医及时，吴为只是右小腿断了，静养一个月就可以出院。安乔在医院陪了一个月，所以别人误会他们俩是情侣，一直对安乔有意思的吴为，也总是试探她的心。

其实，安乔心里明白，自己还是没有放下前男友，而吴为——从小到大她都把他当同学，当哥们，甚至知己，但就是差了那么点感觉。

只是，当想到吴为为了自己不惜牺牲生命时，她又犹豫了，觉得这种男人才是真爱自己的，且出于感激，她也不好意思直接拒绝，于是半推半就地接受了。

只是没想到，两人在一起之后，安乔越来越觉得这种恋爱是折磨——从吃饭到休息，再到平常的消遣方式，两人完全南辕北辙。最让安乔接受不了的是，吴为哪顿饭都要吃点大葱大蒜，那味儿想起来就让她恶心。而吴为说，作为未来山东人的媳妇，她也应该接受这种生活方式。

安乔无法接受这些，就如同她无法接受吴为这个男人一样。在心里，她清楚地知道，自己并不爱他。而曾经促使两人走到一起的那点儿感激，在时间的消磨下也渐渐地消逝了，随之而来的是争吵、厌恶，以及逃避。

最终，吴为看出安乔的心思不在自己身上，主动提出了分手。转身之后，曾经的同学、朋友、知音，一下子就陌路了。

安乔虽然得到了爱情上的自由，却好像失去了更多。

她的苦楚，我们能理解，同情和感激都不是爱情，跳出来，对两个人才公平，这点她做得没有错——唯一错的是，当初就算再感激，也不应该拿爱情来做回报。

身为女人要明白，有些感激不必急着去报恩——不是谁送你一朵花，你就要赶紧还一个花盆回去；不是谁帮你解决了工作中的难题，你就要赶紧回赠一顿饭；不是谁救了你，你就要拿一生的幸福去做赌注。

送你花的人，你可以来年送她一盆盛放的芬芳；帮你解决问题的人，你可以在他有困难的时候拉他一把；救命之恩这种事，更不必急着去报恩，细水长流的感动，才能换来地久天长的友情。

总之，报恩也是一门技术活儿，适时而报就足够，不要为难了自己，也为难了别人。

12. 纠缠，是女人最减分的做法

再见到闺密美冉，我着实吓了一跳，曾经那般妖娆的一个女子，如今看来竟那么憔悴。我心疼地拉过她的手，问："不过就是一场分手，何苦呢？"

好强的美冉立即摇头："分手是分手，可他不能那么早就另寻新欢吧？毕竟，我们在一起整整两年半——他竟如此绝情，我怎能让他好过？"

我只能叹气。爱情，之于女人是全部，不论这份爱是否还完整，只要爱过，就希望对方永远属于自己。而之于男人，爱情不过是年轻时的消遣，年老时的伴侣。

身为女人，收获爱情伊始就要想明白，有相爱的一天，就会有别离的一天——不论是生离，还是死别，都要做好准备。

可惜，我们常常悟不透这些，心里想的，眼里看的，全是那个被我们用心爱上的男人。可是没办法，爱不下去了，注定分手的结局，再多的眼泪，再多的咒语，都不可能挽回。

决然离去的女人是聪明的，纠缠不清则成了自寻烦恼。

"分手快乐，祝你快乐，你可以找到更好的。"这是歌里唱的，生活中的我们远没有那么大度，谁也不会眼见曾经相爱的他牵别人的手，自己还在一边拍手表示祝贺——除非，你们不曾爱过。

爱不下去，我们背道而驰，虽是无奈，但对谁都是个解脱。

纠缠的那个人，想必是真真切切爱过的人，放不下，所以想回头寻些安慰。可终究是忘记了，纠缠的过程如同作茧自缚，捆住了自己本可以自由来去的身心，别人也因为这些纠缠对你另眼相待。

爱与不爱，此时不再是对方考虑的问题，摆在别人眼前的是你的小气跟自私：早已各奔东西，你哪来的权利干涉我？

纠缠之下，将本可以成为回忆的过往，硬生生地给破坏掉了，留下的是别人的不解，自己的遗憾。

所以，面对分手，聪明之人绝对不要去纠缠。爱与不爱，已然是过去，他走他的阳关道，你过你的独木桥——阳关道上阳光万丈，独木桥下小溪潺潺，何必去羡慕他人的风景！

若是实在忘不了他，午夜冷清时再次忆起他，那就大大方方地承认，不纠缠其实也不是不爱，只是希望彼此过得更好。同时，自己也要清楚，不纠缠就是自己为对方做的最后一件事，绝对没有下一件。

毕竟，生活需要继续，爱情还会再来。

不管分手过程，不论劈腿原因，纠缠，是女人最减分的做法。女人，一定要相信，自己是无可替代的骄傲女王，就算被劈腿，被分手，也要坚强地昂起头，告诉自己：他的离开，成全了明天更好的我。

如此而已。

13. 不小心上错床，就要小心再小心地离开

这世道，男女上床比恋爱还来得容易，男人喜欢这种 OPEN 生活的享受，女人也逐步接受了来自身体深处的愉悦和沉沦，而这种床上运动也无非两种结果——继续，抑或结束。

且无论哪种结局，回忆起那番温存自是有一种难言的风情在心底流淌，就算没相爱过，毕竟曾经相亲过。

然而，就是有些女人愿意打着"上当"的旗号，说自己遇上的男人是个骗子，上床后便甩掉走人。说这番话的女人一脸仇恨，听这番话的人更是满腔悲愤，觉得世道之乱不敌男人之狠，得了便宜却不愿意负责，简直就该天诛地灭！

有句话说，男人是下半身动物。不论他们爱或不爱，首先冲动的是下半身，见到美女更是如此，荷尔蒙总比爱情先沸腾，坐怀不乱的柳下惠自古以来只有一位，更别说当下是日新月异的高速社会——一切讲究速战速决，连相亲都要求 8 分钟约会成功，性爱这么复杂的工序，自然需要及早上床准备。

于是，耐不住美色的男人蠢蠢欲动，对女人言不由衷地说了几句体己话儿，心软的女人一旦善心大发，便极可能被拽上床。

上了床，女人便认定自己是被男人烙上印痕的独家物品，不仅想成为男人的唯一，更想让男人成为自己的唯一——以性挟爱，以为至此发展下去，就应该是天长地久的结局。

却不料，吃惯了甜橙子的狐狸，总是觉得挂在枝头的葡萄更美味，哪怕只是一枚酸葡萄，男人还是愿意去尝鲜。至于跟他们上过床的女人，自然就成了不愿再闻的旧橙子，是甜是酸，统统留给后来者。

于是，有女人便开了骂腔，控诉男人不常情，声讨爱情的凉薄，声声如泣地说自己上了男人的当！

其实，上床并非上当。

女人被男人带上床也好，自愿和某个男人共度春宵也罢，床上展示的毕竟是风情，上床对男女双方来说，是索取也是享受。这还是一场双人舞，都有配合才完美——就算不完美，至少也还有几许感情在；就算感情不成熟，至少当时的情话和赞美还是受用的吧？

女人，不会无缘无故地跟一个男人上床，上床必是有好感；男人，就算因为荷尔蒙不听话跑去跟女人上床，至少也需要有个眼缘。所以，上床不是一件让人后悔的事儿，相反，它是一件风情外衣，让男女通身愉悦。

但上当就不好说了。男人对女人是否有爱，这是骗不过女人的眼睛的，再糊涂的女人在感情这件事上也是敏感的，明知这个男人不爱自己，却非要给对方把自己拽上床的机会，这不能叫上了男人的当，只能说这个女人太滥情！

曾有人说，男人强奸一个不自愿的女人，难度在五颗星以上——言外之意就是，不想上床的女人，总有逃脱被男人骗上床的办法。如果这个男人就是不爱你，如果你就是感觉不到男人对自己的爱，那又何必给男人上床的机会呢？何必事后叫着上当了呢？

上床是风情万种的事，男人要享受，女人要愉悦，双方都能讨来公平；上当是滥情的后果，真的不爱，真的不想要，第一件事就是赶紧逃。

不小心上错床，就要小心再小心地离开。因为不管面对的是怎样一个男人，注定的永远是尴尬这一种结局，不爱就不要伤害，或者把伤害降到最低。对于女人来说，这种错也只能犯一次，错得多了，就真成了滥情。

所以，骄傲的女人，要学会骄傲地拒绝，不爱，怎么可能就上床？上错了床，怎么可以不赶紧逃？千万不要错了还纠缠，害人更害己。

14. 得不到祝福的胜利者

参加发小梅子的婚礼前，其实我是有些犹豫的。起先是寻了借口拒绝做她的伴娘，然后，就连能不能到婚礼现场我也不明说。

不是我们的友谊出了问题，只因为她握在手心里的婚姻，于我们外人而言，充满了血腥。

梅子的爱情之路颇为坎坷，从一见钟情到至死不渝，轰轰烈烈的像电视剧，开始有多壮美，最后就有多惨烈。只因为，对方已经有了三生之约，且婚姻还算美满。

我一直觉得，那个男人并不像梅子所说的那样爱她，只是后来梅子为他辞了工作，丢了一切，飞蛾扑火般的姿态打动了他。

于是，男方打了两年半的离婚官司，最后舍弃一半的家产，这才成全了梅子的痴心。

按理说，梅子这晚来的幸福实属不易，我们应该祝福——可不知怎的，我对梅子却越来越疏远了。

特别是那次聚会，她竟乐呵呵地向我们传授与男方前妻的"斗争计谋"，她以一个胜利者的姿势炫耀，完全忘记了被自己伤害的那个女人此时会有何等的痛苦。

那时，我心里涌起的并非对梅子的祝福，却是对那个不知名的前妻的莫大同情。

这同时也让我想起香港的某女星，名副其实的美人儿，历经万难终于嫁入豪门，对方的前妻黯然退出，她则光彩照人地登堂入室。记得有记者这样问过她："你对自己是怎样评价的？"其实，那意思不言自明。

当时的她正跟富翁闹得沸沸扬扬，被媒体称为"小三儿"。大家以为她会下不来台，谁知她照样大大方方地回应：我是当事人，其实是怎样的事，只有我自己知道。

这话语，倔强中带着心酸，想必她也受过一些委屈吧？不说别的，单说她的那几段起起伏伏的感情之路，就足以令平常女子厌倦，而她非但坚持，且终于走过泥泞看到了美景。

然而，看众生评论，似乎没几个人看好她的婚姻。更有甚者，一直将夫家以"一亿元"买断她与娘家人的关系作为把柄，大言她的婚姻会走下坡路，搞不好新人变旧人。

说来，在公众眼里，人们同情的永远是被抛弃的那位。现在，不管你拥有多么"正"的位置，只要你有过去，且不太光彩，那你永远就生活在人们的歧视里，永远得不到祝福——因为后者的胜利是建立在旧人的痛苦之上的。

女人骄傲的根源，始于内心，内心若欺人，又怎能骄傲得起来？将你的幸福建立在别人的痛苦之上，想想就不道德，你还指望得到什么样的祝福？

骄傲的女人，要拒做得不到祝福的胜利者——名声是一辈子的，历史是有记忆的，与其让人戳戳点点，不如伊始就做得光明正大。

15. 你若身披盔甲，现实又奈你何

女人，面对的诱惑总是多过男人，特别是有点姿色的女人。

总有英雄一怒为红颜的故事流传着，总有为搏一笑送房送钻石

的大款在表演，而在面对现实和爱情的抉择时，也总有不知该选 ABC 开头的车钥匙，还是那辆两个轮子自行车钥匙的女人……

小岚曾经就遇上过这样的抉择。

刚刚大学毕业那年，到一家房地产公司去求职，天生养眼的小岚被无意间路过的总经理一眼相中，当即拍板让她成为自己的私人助理。薪水优渥得让小岚不敢相信，是不是天上掉下了馅饼？

小岚跑去跟男朋友商量，男朋友的第一反应就是不能去。可是，男朋友也在求职中，两人连下个月的房租和生活费都付不起，再不工作如何度日？她安抚男朋友，先去工作两天看看，情形不好就跑呗。

小岚的想法很天真，因为她根本不懂有钱人追求女人的那些套路。

在小岚的想象中，真要有心追求她，一定会像电影里演的那样，不是送玫瑰就是送钻戒，可是在总经理这里完全没有。

总经理不掩饰对小岚的好感，却是发乎情止乎礼，在工作中给她极大的照顾。而更让她感动的是，听说她在老家的父亲有病之后，总经理不动声色地派人去接来了老人，还给老人安排了最好的医院就医。

这件事对小岚来说是感恩，对男朋友来说却是晴天霹雳——不用想也知道，这是总经理在放大招。可是，小岚却反呛男朋友，说总经理对她半点过分的要求也没有。

也难怪小岚会这么说，总经理对她一直以礼相待，连在酒桌上都替她挡酒，根本不像电影里那样灌醉了胡来之类的。所以，小岚真心把总经理当成了恩人。

男朋友自然不这样认为，特别是当看到总经理为小岚买来的高级化妆品之后，他彻底崩溃了，要求小岚从单位辞职。小岚坚持认为总经理不是那种人，两人大吵之后，男朋友搬走了。

听闻小岚和男朋友分手了，总经理开始对小岚更加殷勤，不仅帮忙结了小岚父亲的住院费，还提出要买套小公寓让小岚先住着。

小岚联想之前的种种，认为总经理就是在帮自己，却不料，一步步走进总经理的爱情圈套中。

在小岚的生日宴会上，总经理突然求爱了。

是的，是求爱，不是求婚——这个男人是有家庭的。可是，小岚就像昏了头一样，竟然收了戒指和房卡。

一夜疯狂之后，小岚以为新的人生就此展开。却不料，隔天原配就打上门来，不仅收走了公寓钥匙，还逼着小岚写下了 10 多万元的欠条，这钱是小岚父亲的住院费用。

小岚哭求总经理，问他为何骗自己，总经理却有苦难言。她这才知道，原来，公司和财产都是总经理夫人的，总经理不过是个傀儡而已。

小岚被总经理夫人扫地出门，还背负了一身的债。

无处可去的她想起了男朋友的种种好来，跑去找他，却惊讶地看到，他已经和新同事交往起来。对方没有她漂亮，却比她贤惠——她亲眼看到那个女孩低头为男友系鞋带的画面，她承认，这个女孩比自己情深。

男朋友和新女友发现了小岚，新女友大度地请小岚到家里来坐，三人尴尬地面对面坐了下来。

小岚哭诉说自己错了，希望男朋友原谅自己，男朋友的新女友不咸不淡地说了一句："这社会诱惑确实多，可是你若身披盔甲，现实又奈何？明知有些付出是诱惑，却偏要朝着诱惑去，又怪得了谁呢？"

男朋友似被新女友点醒，对小岚下了逐客令。

小岚成了孤家寡人，身心俱疲的她这时候才明白，没有谁会在原地一直等待，而这一切都是由于自己意志不够坚定造成的——面对诱惑，如果能坚决地说不，结局会不会更美好呢？

女人身处俗世，总有这样那样的无奈，但再无奈，也要果断地拒绝诱惑——诱惑是恶果，吃得越多，伤害越深。

学会为自己披上一身拒绝诱惑的盔甲，现实越逼人，就越是要明白：出来混，早晚是要还的。你若身披盔甲，现实又奈你何？

第五卷：女人是王，就该骄傲地活着

骄傲的女人，为自己而活。骄傲的女王，为美丽而活。女人是王，就该骄傲地活着，活得开心，活出自我。

1. 别总拿旧情来"摆地摊"

男女恋爱，最忌讳提及过去，因为彼此的前任是抹不去的灰尘，总能那么不经意地让你揉一下眼睛。

单纯者以为另一半不会介意，愚钝者以为对方应该能理解自己，于是，时时处处将旧情亮出来炫耀，反反复复，谁好谁不好还没见分晓，现任已经等不及，有可能再次成前任。

安然是个名副其实的"三高女"，虽然年龄大了些，但保养得当，看上去依然年轻貌美，故而仍然驰骋在恋爱之路上。自身条件优越，加上人长得漂亮，自然追求者众，其中不乏优质男。

安然曾被一位金融王子追求得厉害，听说对方连求婚戒指都买了。谁都以为她这次一定能顺利出嫁，却不料，最后竟是男方提出分手。

问起原因，安然恨得牙关紧咬，一脸委屈："不过就是夸了一下前男友吗，他何必那么当真！"

那天，两人外出吃西餐时，安然不经意间夸奖前男友做的意大利面好吃，这便惹急了金融王子，饭都没吃完，对方就已经提出了分手。

安然恨对方小心眼，可后来金融王子发来一封邮件，详细说明了分手原因："我们相处了 7 个月，你有 6 个月是在谈论以前的感情。

"第一次说的是你拉小提琴的初恋，那时我们正在听音乐会，你说台上的人拉得还不如他好。

"第二次说的是你的办公室恋情，彼时我们正在看一部职场电影，你非说你的前任比男主角要聪明；后来，你又说起会做意大利面的前任……

"我不知道你究竟谈过多少次恋爱，既然每次恋爱中的前任都那么优秀，你又为什么离开对方呢？"

面对金融王子的质问，安然更觉得委屈，哭着表示："我最喜欢的是你呀，为什么你还要这样质疑我？我说前任的意思不是想夸奖他们，只是想告诉现在的你，我曾经谈过的男朋友个个优秀，借此让你明白，我选择另一半是多么有品位，可你为什么就不明白我的苦心呢？"

其实，安然再聪明也并不知道，这世上没有哪个男人喜欢被自己女朋友的前任比下去。

也就是说，男人特有的骄傲会让他们觉得，自己就是世间最好的那一个，哪怕娶了个公主回来，他也依然相信自己是做驸马的最佳人选。

再差的男人，自尊心也是极强的，身为女人，三番五次拿前任和现任做对比，这本身就犯了男人的大忌。

同样地，如果是男人，反复在女人面前提前任，对女人来说，何尝不是一种侮辱呢？

伊敏的男朋友就是个喜欢提前任的男人，不管做得好与不好，这个男人总喜欢说，如果换了某某，她就不会这么办。当然，这个某某是前任或是前前任，明显带着对伊敏的不满。

起初，伊敏以为男朋友不够爱自己才会时时提起前任，后来才发现，男朋友其实很爱自己，只是会不由自主地提及前任。

时间久了，两人的争吵也多了，谈及前任这个问题时，伊敏说出了自己的委屈："前任再好也是过去式，你这样总是提起她，对我是一种伤害。"

男朋友却一脸不解地表示："我已经不爱她了呀，不过是不经意提及的，以为你能理解我，谁想到如此小心眼！"

其实，并非伊敏小心眼，而是这个男人真的不明白，再大度的女人也不可能容忍自己的男人三番五次提前任，提多了，女人就会怀疑你的爱是否真诚了。

一句话，不管男女，没有谁会真的不介意另一半时时提及前任。

前任已经过去，前段情也早已不复存在，时不时亮出来，就如同一个摆地摊的小商贩，以为自己手上的东西多值钱，狠命拿出来炫耀，却忘记了，地摊货永远是上不了架的。

总拿旧情"摆地摊"，伤人更伤己。

2.骄傲转身，不做情伤男的炮灰

女人在感情中受了伤，就像小猫失去了玩伴，下一个更好的出现时，很快就会感动并快乐起来。

男人感情受了伤，就像小狗被人夺去了肉骨头，不论他再有多少爱，都难以弥补内心所受的屈辱。

在爱情上，男人更想要的是面子。总的来说，情伤男是社会上的一个特殊群体，正因为之前感情上受过伤，所以他们不会再轻易动真心。

朱娜曾经在28岁那年遇过一个情伤男，两个人是同事，明知他被前女友抛弃，正对女人处在一种不信任的状态，可她还是被他一脸的忧伤打动了。

朱娜不仅主动靠近做了聆听者，还义无反顾地做了安慰者，将男人里里外外照顾起来，不管不顾地扎进爱的海洋里。虽然她知道，情伤男对自己的感激多过爱，但她相信，总有一天他会走出来，会发现自己的好。

可是，令朱娜难过的是，日子一天天过去，情伤男只享受她的好，却不肯对她付出一点好——别说纪念日和生日这样特别的日子，就连平时一起吃饭，情伤男也不会为她倒杯水，甚至连她喜欢哪道菜他都不清楚。

可朱娜并不想放弃。

扎进爱情里的女人就是如此，越是偏执，越是执着，甚至还会把自己当成守护神，以为受伤的男人是需要保护的孩子——母性的光辉总有一天能把他温暖。

可朱娜的算盘又落空了，情伤男依然享受着她的好，却不肯给她一个肯定的身份，就连被朋友碰上，也只是指着她介绍说：是同事。

最让朱娜受不了的是，在最近出差的一个月里，她天天对情伤男牵肠挂肚，可还是不断有风言风语传进耳朵里，说情伤男泡吧泡女人，无所不及。

忍着心痛，朱娜中断了出差，偷着跑回来，看到的果然是情伤男的出轨行为。她忍不住指责，却不料对方一脸无辜地反诘："我们之间什么也没有呀，你凭什么管我？我以前的女朋友从来不管我！"

这时候，朱娜才明白，在情伤男的眼里，自己只是一个安慰者，是他孤单时的一个陪伴者，就算前女友背叛也好，伤害也罢，在他心里，对方永远是正牌，自己什么也不是。

其实，朱娜完全做了情伤男的炮灰：对方将她点燃，却不给希望，燃尽了才发现，自己死在情伤男面前还是心甘情愿。

骄傲的女人，坚决不做情伤男的炮灰，不论他有多迷人，不管他是多伤情，绝对不要让自己母性泛滥——男人这东西，越轻易得到，越不懂得珍惜。

不做无用功，不做炮灰，情伤男是如何伤的，就让他如何恢复，你没有义务为他疗伤。换句话说，连疗伤能力都欠缺的男人，你还指望他能带给你幸福吗？

一个真正伤了心的男人，是再难有心情去爱下一任的，他心里记着的除了对前任的爱，就是对前任的恨，根本没有缝隙让你的爱渗透进去。

做个骄傲的女人，面对情伤男，要坚决果断地转身，给他时间成长，也给自己寻找下一片风景保留美好心情。

3. 分手再相逢，请骄傲地说"我很好"

一直为好友丽冉感觉心痛。跟前男友赌气分手后，又寻了一个更不争气的家伙，日子过得极不舒心。

这天陪丽冉在商场买衣服，夏末服装打折打得很厉害，可她依然会掂量再三——一件粉色小外衣试穿到服务员翻白眼，她还是看着标签直摇头。我颇为生气地说："没跟他说吗？天冷了，总要换衣服的。"

丽冉直摇头："他刚投钱进股市，又赔了。"

我只好叹气，然后将钱包打开，想替丽冉付账了事，可她一直不肯。争执中，我看到她一直拉着我的手突然松开了，目光始终看着一个方向，顺着她的目光，我看到了那个前任。

曾经自恃风流又有钱的家伙，他显然也看到了丽冉。

两个人默默对视之后，那家伙上前跟丽冉打招呼，然后将自己身边的女子推上前来，做了个展示，那意思是：瞧吧，当初不要我，我现在这位比你也毫不逊色！

我跟丽冉还没有什么反应，那家伙却说话了："嗨，过得好吗？我最近刚开了家精品店，有时间去拿几件衣服穿吧，免费的。"

我以为丽冉会脸红，或难堪，却不料她轻轻走上前去，大大方方跟对方的新女友握手，然后笑靥如花地说："真得谢谢你，将他调教得会说话了。"

然后，她转身对那家伙说："放心吧，回头带着我男朋友一定去捧场。对了，你那里有 POS 机吗？我一般都刷卡的。"

那家伙原本是一副得意的嘴脸，这时突然将笑容收拢，然后点点头，带上新人匆匆离去。

我以为丽冉会大笑一场，却不料她满目晶莹，只不过一个转身的距离，她的情绪反差却如此之大，我突然有些猜不透她。

等到她情绪平复下来后才说："在旧识面前，一定要学着保护自己，别让他觉得离开他是种错误，更不要说你现在过得如何不好——那样，他只会更看不起你，绝对不会怜悯你。"

想想，还真是有道理。一个跟你分手的男人，别指望他能对你有多么忠诚，或是对你有多么眷恋。或者，在没有离开你之前，他的眼睛早就盯上别的尤物了，更别说你们早已经分手。

记得在网上曾经看过一个男人写的帖子：分手了，就别再来烦我。

一个大男人对自己的前女友竟如此绝情，甚至用上"烦"字。不管那个女人究竟对你做了什么，伤害你到几何，毕竟是相爱过一场吧？可他不会怜悯你，更别指望他帮助你，用他的话来说：跟我好的是过去的你，现在分了，就离我远点，别影响我寻找下一个目标的心情。

男女之间如果分手了，就很难再做成朋友，更别说是惺惺相惜的朋友——你有你的蓝天，人家有人家的碧海，谁也别指望对方能为你牵挂一辈子。

偶尔，哪天在大街上相遇，最好躲开——若躲不过，那就淡淡地笑一个吧。别吝啬你的笑容，你笑得越灿烂，他心里就会越发慌，不管内心如何，至少从外表上看，他会认为你过得很好。

是的，分手再逢，就要让他觉得你过得很好，哪怕再不好，也要告诉他：离开你，我过得很好。这样，那个男人就会在心里遐想，甚至开始后悔，当初怎么就那般轻易地放开了你的手，以至于如今你灿如向阳花般地开在他人的怀抱里。

有些男人生来就小气，他们不看自己手里正盛开着的花朵，却对远处人家的盆栽去关注毫不松懈。这说明什么？说明他们希望全天下的女人都往自己这边看！

所以，别给他们好颜色，昂首挺胸迈过去，骄傲地告诉他：你不过是我某段错误的青春历史，而且早就过去了，现在没有你，我过得更好！

4.负心男是女人一手培养出来的

时下社会，乍看之下乱得很，暧昧情感漫天飞，男人不相信女人，女人瞧不起男人。可偏偏这两种动物又相互依存，因为婚姻是围城，将彼此绑缚在里边，动弹不得。

可即便如此，负心男人依然不减产，于是，女人便不免眉心紧蹙，感慨这世上的男人没一个好东西。所以，当"痴情女子负心汉"的论调再起，让女人好不嗟叹。

其实，女人不知道，负心男人全是自己一手培养出来的。换言之，是女人的娇惯宠坏了男人。

结婚4年的罗美的老公，年轻有为，风流倜傥，可是从婚后第二年开始，便经常在外面以工作为借口拈花惹草。

那些花事，罗美其实知道，只是她觉得，婚都结了，孩子也有了，对方不过是逢场作戏而已，不会动真格跟自己离婚的。所以，她选择忍让，这一忍就是3年。

有时候，她会闻着老公身上的异香暗自流泪，她觉得委屈，为何自己一味地忍让终换不回对方出轨的心呢？

罗美傻，傻到误将忍让做后退的棋子，一味地视而不见，其实就是在姑息养奸。要知道，男人如孩童，好习惯不易养，坏习惯不易改，如此迁就的后果，只能让他的坏毛病越来越多，这有百害而无一利。

说到男人是孩子，又不得不说说那些真将男人当成孩子疼的女人——总怕自己把男人伺候不好，从生活到工作，从交友到言谈，无一不把男人当孩子来养，生怕哪里想不周全男人便会在外面吃亏上当。

这种女人活得最累，倾其所有地去培养男人，一旦好男人化蛹成蝶，你也老了、弱了，甚至会被男人冠以啰唆老太婆的头衔，视你为有代沟的上一代。

试问：哪个男人会对一个妈妈级的爱人有激情？

所以，男人幼稚也好、无为也罢，要让他们自己去尝试、去磨砺，女人过多的母爱式呵护，的确能帮他们快速成长，但这种成长的代价则是，蝴蝶早晚有一天会飞走。

还有一种负心男人，是被女人捧出来的。

同在一间办公室的 3 个单身女人，同时喜欢上了英俊能干的男上司，为了博得他的好感，她们在工作上互不相让，私下里又争风吃醋。

如此明目张胆的追捧，让男上司突然有了无敌的优越感，他无理由地变得自大、自私，甚至自负，最后还是圈外的另一个女人获胜，收获了他的心。

这下子，争夺的 3 个女人才明白，是自己的争抢行为让男上司有了优越感，而人家在收获优越感的同时，也在心里极力藐视她们的行为。

试问：一个打心眼里瞧不起你的男人，你还指望人家娶你吗？这道理，连市面上的小商贩都明白：哄抬物价，只能自食其果。

如此说来，也不能怪男人负心，人家的负心乃女人一手培养出来的。女人忍让过多，让男人学会了得寸进尺；女人呵护过多，让男人无理由地傲慢；女人自作多情地吹捧，让男人有了更多择木而栖的机会。

男人这东西，女人可以疼，但不要全身心地去疼，疼到一半即可。另一半疼，是他成长必须付出的代价，女人没有必要全盘为他受过。

男人这东西，女人可以去爱，但只要爱七分就够，那三分是女人必须要留的尊严，用尊严告诉他：爱情是相互的，付出是相互的，如若不然，女人一定会把你当成化妆品——反正，换换牌子顶多皮肤过敏，却死不了人！

5. 做个骄傲的悍妇，又如何

90后、00后成长起来之后，我发现所谓的淑女时代已经过去了。

周末逛商场，我因多试穿了几件衣服，遭遇90后营业员的好几次白眼，明明心里是中意那件半价夏衫的，却因对方的脸色而犹豫。

就在这时，商场另一头传来女人的叫骂声，我遂放下衣服，跑过去看。

两个穿着时髦的00后女生，不知何故在商场打了起来。矮个儿女生手里扯着高个儿女生的头发毫不畏惧，对方随手就去拉扯矮个儿女人的裙角，拉扯得过于厉害，以至于她都有点走光。

无论众人怎么劝，双方嘴里依然骂个不停，听来听去，大伙儿总算听明白了：这是一场爱情斗争，两人本来就是知道对方的，今日也算是冤家路窄，遇上了。

我还看到，两个女人随身采购来的，是同一个牌子的男式运动服，不用问，她们在给同一个男人买衣服。

这种时候遇上，不打也倒怪了。所以，无论是正牌女友还是盗版甜心，都毫不相让，除了皮肉之伤外，嘴上的谩骂更是恶毒得厉害，只差没咒对方全家死翘翘了。

有人实在听不下去了，忍不住出声还击："俩泼妇！"

这血腥场面，像极了电影《赤裸特工》：在一座孤岛的牢房里，有人出主意，让一群女人在那儿单打独斗，搞"适者生存"的游戏。

在生存的代价之下，女人使出了看家本领，个个杀红了眼。更可怕的是，她们的脸上没了女人平常应该有的温存，相反，全都充斥着暴力，血红的嘴张开，就能给对方留下一排排赤裸裸的牙痕。

无独有偶，日本电影《蝎子》也是一群女人在打架，跟商场里的两个女人一样：正室跟小三的较量完全靠暴力，撕破脸皮的两个女人，眼里是惨绿的原始兽光，给人一种杀机四伏的恐惧。正当胜利的果实差点让小三夺去时，正室带来的姐妹们一拥而上，彻底给了这个猖狂的小三一顿教训。

看得人忍不住拍手欢呼，这可真是一群悍妇啊！

这让我想起一个职场女友，为了一个职位，她付出了太多太多，加班、出差外加业务培训，简直是能做的不能做的，统统都做了。

但当她完全做好了晋升准备时，晋升的机会却不是她的，相反，一个表现平平的新人接替了本来属于她的位子。

想起自己几年来的努力跟打拼，竟然被一个普通新人接替，她终于愤怒了，忍了许久的怒气彻底爆发，找上司理论、找老板沟通，最后把辞职这个撒手锏都使了出来。

许是她的强悍让老板看到了某种优势，最终不仅给她升了职，还将薪水翻倍了。

后来，这个朋友不无感慨地说："女人啊，太温柔不是好事，我们靠本事吃饭的，坐以待毙是行不通的！"

看来，古代的三从四德彻底失传了，女人心底的野性和彪悍到了今天已然练就得炉火纯青——试问：一株长在野外的劲草，如何跟一朵养在温室里的小花儿媲美？

悍妇是逼出来的，不是养出来的。

生活中，女人要跟男人一样承受来自家庭跟职场的双重压力，嫁得好倒也罢了，万一不幸遇上一个朝三暮四的主儿，还要提起万分的精神防范门外的小三摇旗生事。

凡此种种，不强悍怎么行？

我于是回头走回卖夏衫处，今天我是非买不可了，营业员如果再敢翻白眼，我就要跟她大吵一顿。

这年头，温柔是解决不了问题的。更何况，生在弱肉强食的时代，女人不彪悍怎么行？谁敢动我的领土，骄傲的悍妇可不答应！

6. 骄傲的女人，懂得经营自己

做女人难，身处婚姻里的女人更难，想在婚姻里始终保持魅力的女人，更是微乎其微。一旦走进了婚姻，似乎所有麻烦事儿都来了，就如同我的朋友 L，走进婚姻伊始，万般高调地宣称自己将是最幸福的女人，而她的男人也一再对朋友们许诺，一定要让 L 成为最幸福的女人。

爱情是需要誓言点缀的，可堆积婚姻的，却是实实在在的琐碎。就像一只精美的花瓶顷刻间被打碎，L 和老公的婚姻碎了，碎在男人的晚归里，碎在她怨妇一般的叫嚣里。

一年之后，朋友再聚，L 脸上的憔悴着实吓着了众人。

在大家的关切里，她终于半是埋怨半是哽咽地说，走进婚姻之后，发现自己选的男人根本不合适，比如他睡觉打呼噜，吃饭爱磨嘴，连讲电话都没完没了地啰唆。最要命的是，最近还发现他时常晚归，鬼祟异常的行为让她怀疑对方有了外遇……

听完 L 的讲述，大家一致针对她的男人开炮，仿佛千错万错全是男人的错。只有乔美眉双目圆睁，仔细打量了 L 之后，不无感慨地说："瞧你这身打扮，男人没有外遇倒是怪了。"

经她这一提醒，大家将目光重新投向 L，这才发现，她不仅表情憔悴，连衣衫都邋遢——不搭边的红底裙配上的竟然是最惹眼的绿布衫，这身装束看起来显得整个人又滑稽又可笑。

面对我们质疑的目光，L 不得不解释说："来前只想让大家看到我的光鲜，没想着红与绿是冤家。"

乔美眉再次撇嘴说："其实，颜色是否搭配无所谓，重要的是，一个女人的精巧心思不见了。别说是自己的男人不待见，就算是陌生人看了也难以忍受，更别说门外的小三小四——想过得幸福，还是先经营一下自己吧！"

这番话引得众人沉思。

想想，确实这样。身为女人，以为走进了婚姻殿堂便万事大吉，男人是自己合法拥有的长期饭票，不论自己变老或是变丑，他总是要负责一辈子的，却独独忘记了，婚姻需要经营，而女人自己更需要经营。

乔美眉为 L 指出的明路即是：好好经营自己，从外表到内在，保持婚前打扮的爱好，对男人亦松亦严，多关注自己，少过问男人。

L 虽说将信将疑，但还是得令而去。

隔了两个月再相见，前来的不仅有光彩照人的 L，还有她一脸殷勤的老公。有男人在场，大家都不便多说什么，倒是 L 的老公开了腔，他一脸情深地看着自己千娇百媚的妻子说："她最近越来越漂亮，我得看紧点儿。"

这虽说是一句玩笑话，但还是听出了男人的紧张。

趁男人出去点菜的空当，L欢笑无比地感谢乔美眉："他打呼噜，我就到客房睡；他吃饭磨嘴，我也视而不见；讲起电话没完没了也随了他去，不再过问。

"就连他晚归我也不再过问，只是一边敷面膜，一边跟网友聊天——这日子仿佛一下子回到了单身时代。可没想到，我只是多关注了一下自己，他就摆出一副想看牢我的架势，这男人啊……"

众人顿悟。乔美眉适时而笑地说："女人，学会了经营自己，也就学会了经营婚姻。反过来说，一段婚姻是否光鲜如初，全依赖家中女人的智慧，与其担心墙外野花，不如趁机修炼自己来吸引男人。"

骄傲的女人，懂得经营自己，知道什么时候该做什么样的事——唯如此，才不败；唯如此，才更有骄傲的资本。

7. 放下菜刀，修炼成妖

有些女人，总喜欢把拴住男人当作一件大事来抓。而抓男人最重要的一项，就是让自己变成贤惠的小女人，拿得起菜刀，做得出好菜，将"拴男人先拴胃"的说辞奉为圣旨。

这是许小美曾经的做法。

小美永远记得求婚那一刻，激动中带着一份小小的骄傲，伟良将戒指套到她手上的时候说："你的菜做得好吃极了，是个贤妻良母。"就因为这句话，小美不仅收服了他的胃，还打败了对伟良一直贼心不死的情敌。

刚结婚那会儿，伟良还算个好丈夫，按时上下班，喜欢吃小美做的饭，虽说夸奖比恋爱那会儿少了许多，但还算买账。

可时间一久，他吃得不再那么欢畅，特别是结婚一周年那晚，小美做了一桌子好菜，本想好好庆祝一番，可是他不仅晚归，还指着满满一桌菜说："有菜没酒，不是枉然？"

小美赶紧拿出伟良最喜欢的陈年老酿，却不料，他不屑地将头一摇："红酒才够品位。"

如此一说，什么氛围也没有了，小美的心更是七上八下，上前拥抱他，却瞥见他微微皱了一下眉头，低头一看，自己还穿着厨服，一身油烟味，尴尬极了。

意识到婚姻出现了问题，小美赶紧想办法拯救，蒸煎煮炸几乎全用上了，却发现伟良不仅不买账，回家还越来越晚。

最后，担心的事终于还是发生了——当有人向小美打小报告说，见到伟良跟旧情人又走到一起时，她觉得天都塌了。

朋友劝说：世界如此花哨，诱惑如此之多，男人的胃口就算被你填满，可你不能忘记他们身体里的欲望依然是空着的。要知道，男人是下半身动物，他不会因为上半身的满足便忽视了下半身的欲望，所以，你还在那里挥着菜刀扮贤良的时候，男人的下半身早就越了界……

那天，小美跟踪了伟良，发现他跟旧情人在西餐厅里手握红酒温情对饮，那番情景是她终生的耻辱。她将自己扮成贤良，甚至差点熬成黄脸婆，而门外的女人手持红酒一副骄傲的模样——不见得多漂亮，动作却是高雅的。

这样的女人，定不会挥起菜刀在油烟里辗转的，顶多一杯红酒，外加几许娇羞，如此而已。但这却让伟良鬼迷心窍、难以自拔，所以他宁愿饿着肚皮，也不愿放过此番风流的机会，就算眼前的女子不给自己洗手做羹汤，就算不比家里正室贤良，那又如何？欲望饱了，吃什么都是香的。

小美终于明白，好妻子仅有贤良是不对的，必须得放得下菜刀！

从那天起，小美彻底改变自己，上班必是精妆出门，下班也不急着回家，跟同事吃完下午茶再回，或是直接打电话通知伟良不回家做晚饭——让他在外面吃，同时也解放了自己。

刚开始，伟良很享受这种自由，渐渐地，他厌倦了外面的吃食，开始抱怨："当老婆的，哪有天天逛街不做饭的？"

直到男人的牢骚变成了咆哮，小美才试着买菜回来，但不急着做，而是等着他下班回来一起动手做饭，对他说："好久没做饭了，生疏了，你帮帮我吧。"

男人自然是一肚子怒气的，但小美一直恳请，这才不得不挽起袖子冲进厨房，摘菜，洗菜，烧菜，一道道工序下来之后，两人都是大汗淋漓，满身油烟味。

男人开始嘴里还唠叨个没完，等到菜上齐之后，却突然良心发现似的，不仅主动开了红酒，还主动跟小美道歉："老婆，做饭很不容易，你真是辛苦了。"

小美心里五味杂陈。一个女人在男人眼里的魅力，跟菜刀是无关的，跟贤良也是无关的——你把菜做得再香，无非只是收获几许赞扬，想让他体会你的贤良，必须让他先认同你的劳动。

遇上一个偶尔对自己分心的男人，虽说是件伤心事，但如果他稍稍还有良心，且懂得你的辛苦的话，这样的男人，除了原谅还能怎样呢？既然爱，那就原谅吧。

小美原谅了伟良跟旧情人约会的事，但同时也学会了适时放下菜刀，省出时间让自己更加充实起来。半年之后，她不仅工作职位顺利升迁，且还怀上了宝宝。

拿到医院诊断书那天，伟良比小美还激动，抱着她左看右看，眉毛拧成了一个大大的问号："老婆，都说女人怀孕会变丑，你怎么越变越妖艳呢？"

小美笑着吐出一句话："放下菜刀，修炼成妖。"

是的，一年半的婚姻生活让她懂得，做妻子的首先要明白自己是一个女人，而女人绝对不能让风情流失在油烟里，把热情挥发在菜刀上。

聪明妻子拿得起菜刀，更放得下菜刀，这样的女人不缺贤良，亦不缺男人的注目。要知道，男人这种动物是荤素搭配的，让他的上半身吃好、下半身吃饱，这样才有盛世太平。

就算是进入了婚姻，女人的骄傲也绝对不能丢，适时贤良，更多的时候多关注自己——放下菜刀，偶尔贤惠，偶尔妖艳，让男人捉摸不透，才会有更多留恋。

8. 错爱一场，坚决踢走寄生男

昆虫中我最讨厌就是跳蚤，它们寄生在别的动物身上，享受现成的生活。跟跳蚤一样，爱情世界里也有寄生虫——外表光鲜的爱情跳蚤男到处都有。

丽莹年近 30 岁，爱情上总是遇不到对的那个人。闷闷不乐的她被同学拉去 K 歌，终于认识了一个优质男，虽说年龄比她大 8 岁，却是单身贵族，完全有可能开始一段爱之旅。

而优质男也适时表达了对丽莹的好感，不仅体贴地为她点歌、倒茶，还十分配合地跟她一起合唱。特别是听说她也是单身时，整个夜场时间里，优质男仿佛眼里只有她，一直围着她转，明眼人一瞧便知，这对男女有戏。

丽莹心里其实也是这么想的。优质男职业不错，收入颇丰，房车俱备，跟丽莹简直是天造地设的一双，而且对丽莹的约请也从不拒绝，相谈甚欢，可谓情投意合。

面对这样一份缘，丽莹很想好好把握，不仅主动约请，而且还经常送对方礼物，小到几百元的银挂链，大到上千元的 T 恤，优质男都一一"笑纳"。

这让丽莹有一种被接受的感觉，虽然对方从不回报，但她觉得自己这个年龄也别挑剔那么多了，找个好男人就够了。如此而已。

却不料，平地起惊雷，一场偶遇让丽莹把同事小荷介绍给了优质男，她的爱情也到此结束了。

优质男对小荷也体贴，跟对待当初的丽莹一模一样，且面对小荷的"逼婚"毫无反应，而且优质男并没有把她介绍给家里人认识的意思，就连父母来了也不让她见，完全把她当成一个临时过渡的情侣。

看穿优质男之后，两个女人一合计，这才知道，她们遇上了"爱情跳蚤男"。

爱情跳蚤男的本质：收入好，有一定职位；年龄偏大，越大越花心；不谈感情，只谈感觉，享受单身状态却不拒绝女人示好；善于表现暧昧动作，玩爱情游戏；经常出入各种聚会，喜欢结识不同的女人，但绝对不动真心；不能谈感情，一谈就远了；不能要婚姻，一要就消失。

遇上爱情跳蚤男，是女人最大的耻辱——自己端着一颗热气腾腾的心，却不料对方只是个爱情骗子、调情高手。

如何避开爱情跳蚤？

很简单，用心阅人，对于那些只吃一顿饭就想套近乎的男人，必须考察其动机，别为他外在的硬件吸引，更别为他短暂的体贴所打动。

真正的爱情存在于生活里，存在于行动里，不是一个眼神、一句好话就能代替的——目光要精锐，撞上爱情跳蚤男，自然别手软，更别为他的表演而心软，坚决踢走他！

对女人来说，需要的是一个真实的男人，一份真实的情感，一场能够明朗地看到未来的婚姻。

一旦遇上爱情跳蚤男，除了及时逃离之外，还要趁机狠狠踹他几脚，让他明白：姐没心情跟你玩爱情游戏，有多远滚多远吧！

9. 不想征服男人的女人，不是好女人

不想征服男人的女人，不是好女人。可事实是，想征服男人的女人，起初多半是奔爱情去的。

30 岁的朵拉恋爱了，锁定的目标是成熟儒雅的上司 H。

H 为单身白金男，风度翩翩，身价不菲，刚从上一段婚姻里挣扎出来。朵拉这颗女文青的心，其实从进公司那一刻开始就已经被 H 砸中。

那年朵拉才 24 岁，属于小女生一枚。

看着 H 指挥着千军万马，从容淡定的样子，朵拉便有一种发自内心的钦佩感。而欣赏是极容易转化成爱情的，她的心里早就埋下了爱情的种子，之所以一直隐忍不发芽，是因为 H 那会儿还有婚约

在身。

眼下，一干二净，两个单身男女想谈一场爱情不是不可能。

可是朵拉发现，H 的心思完全在工作上，对男女之情根本不屑，就连朵拉主动约请，H 也只是礼貌回绝，这让她不知如何是好。

恰在这时，有传言说 H 在国外还有一个旧相识，这又让朵拉产生了危机感——30 岁的女人为爱赴死的那种偏执虽然早已不存在，但是为幸福搏一把的勇气还是有的。

朵拉决定要立刻出手，征服 H。

女人征服男人最常用的手段是诱惑，诱惑的前提是美貌加性感。

朵拉彻底改变了装束，直奔风情熟女的路线去打扮，这让见惯清汤挂面的 H 感觉到了什么，但还没等他适应就又发现，朵拉不再喊他老板，而是改变称呼，喊他的外号"河马"。

传言大学时期的 H 有一个外号叫"河马"，但是在现在的工作中没人敢直接说出来，只有朵拉敢当面叫——当然，只是他们两个人在场时。

起初，H 有点不高兴，但是朵拉不管，经常这样说："河马，文件签了吧。""河马，午饭时间到。""河马，你要记得吃药……"说得多了，H 就习惯了。

有一天，朵拉突然说："老板，明天降温，多穿点。"

H 倒乐了："你怎么不叫我河马了？"

这时，朵拉叹息："那天让小李听到我这样叫你，还误会咱俩……"话至此她差点没哽咽，"我知道，我配不上老板……"

这也算是赤裸裸的表白了吧？

难选择的是人家 H，却让朵拉哭得梨花带雨，相信 H 在接下来的时间里，会单独思考自己和朵拉的关系。

如果你觉得朵拉会趁热打铁，那你就错了。

隔天，朵拉一改对 H 的态度，恭敬有加，保持距离，连 H 约请午餐都拒绝了。她这种若即若离的做法让 H 措手不及——是的，本来 H 是想拒绝朵拉的，连拒绝的话都打好了草稿，可是朵拉不给他拒绝的机会，自己主动躲得远远的，反倒让 H 不知如何是好。

晚上下班，H 再约，朵拉却说赶着上夜校，没时间。H 没想到 30 岁的朵拉还如此上进，反问她："难道想跳槽吗？"朵拉满腹心事地看了他一眼，却并未正面回应。

这时候的朵拉，已经让 H 产生了一份异样的情愫，跟爱情无关，却又比同事情要多一些。

两人若即若离了不长时间，朵拉终于逮住机会用上了最后一招——说是招式，其实也是真心。

H 在报备总公司材料时出错，面临被处分的危急时刻，朵拉站出来揽下了责任——其实这是她对这段感情的一种告别，因为 H 一直不接受她，且听说国外的旧相识即将回来，所以，她想要以这种方式结束这场爱的独角戏，也不枉自己多年对 H 的痴迷。

而 H 面对朵拉的牺牲很感激，中年男人不升职都受不了，更何况是处分？

这时，H 心里想起了朵拉的千般好，当他面对归国旧相识的亲昵时，突然就记起那个叫自己"河马"的朵拉——可爱的朵拉，哭泣的朵拉，上进的朵拉，谜一样的朵拉……

故事的结局你猜到了，朵拉彻底征服了 H。

用尽风情去诱惑，用尽心思去靠近，用尽智慧去追求，用尽真心去搏了一把，朵拉胜利了。胜利的果实是，H 完美升任公司最高职，而她成为 H 夫人。当然，这是后话。

朵拉说："没想过会征服 H，我只是勇敢了一把。"但是她的勇敢，却换来了爱情和幸福。

男人可以征服世界，却往往会败给一个女人。而女人总能抓住机会，以征服一个男人而获得全世界。

10. 不属于自己的，永远不是最好的

以为年底就能吃到小艾的喜糖，不料，她却哭哭啼啼地说和男友分手了。

相恋多年的男友，连劈腿这等事都做得坦坦荡荡，直把小艾逼得走投无路——连哭的机会都不曾给，从此便成了陌路仇敌。

我不得不劝小艾："想开些，不过是个男人。"可是小艾却说："除了劈腿，他在我心里堪称完美，叫我如何放得下？"

小艾的前任算得上优秀，说是高富帅也不为过，家境，学识，谈吐，都很不错，确是男人中的上品。可是发生了劈腿这种事，人

品果断降级，如此男人不勇敢放手，还等什么？

小艾还是想不开："他明明说过，会永远爱我的呀，怎么会这样……"

我再劝小艾："诺言是爱情里最美的谎言，它永远只是童话。没多少永远，值得你用一辈子的时间去坚持；也没有多少坚持，能够让你真的收获永远。"

小艾还坚持着："可我就是爱他，放不下，怎么办？"

不可否认，她此时的爱和痛一样真。但是人生那么长，谁也无法预知明天，别说你最爱的是谁，在爱情的世界里，最好的永远是下一个。

对于失去的，以及不再属于你的那份感情，要学会封存。你要明白，不属于自己的，永远不是最好的。

凡人如此，大家亦如此。

作家林语堂在遇到妻子廖翠凤之前，曾和千金小姐陈锦端相爱，出身名门的千金和家境落魄的穷小子本不般配，门楣之争让两个有情人终成陌路。

然而，林语堂一直忘不了陈锦端，认定她是自己心尖上的朱砂痣，哪怕娶妻生子多年，依然在文字里缅怀那段难续的情缘。

直到几十年后，白发苍苍，妻贤子孝，家庭和美的林语堂在岁月的洗涤下终于放下了前尘旧事。当妻子问他可有喜欢别的女人时，他想也不想便回应道："离了你，我活不成的呀。"

爱情，不过是将激情转化成感情，于平淡中共度岁月，回首时有人在身边，这就叫幸福。

而时间是最好的疗伤药，你放弃的或是不属于你的，终归不是对的那个人。时间久了，伤口愈合，自然也就淡忘了。

在爱情世界里，除了勇敢追求之外，我们更应该遵循的原则是，不属于自己的，永远不是最好的。只因为，失去的那个人，不管有多好，他不再爱你，这便是最大的不好。而守住你的人，不管有多少缺憾，他肯只为你一人付出，这便是最好。

11. 别拿尊严去爱一个人

你知道爱情戏里最惨烈是哪一刻吗？就是当一个人践踏着你的自尊，还对你视若无睹的时候——你全情付出，对方却置若罔闻，这便是世间爱情最凄惨的一幕。

朋友阿眉，天生有着南方女子典型的娇小，内心却倔强成一棵树，面对暗恋多年的男神付出很多，可是对方一直对她若即若离，哪怕是同一单位，相互路过，也总会忽视她的存在。

直到有一天，男神出事了，据说挪用公款 20 万元被发现了。阿眉突然挺身而出，主动替男神揽下责任，尽管自掏腰包解决了问题，却还是被降职并成为全公司的笑柄。

阿眉以为，自己的牺牲能换来男神的心疼，却不料，在她受尽千夫所指时，男神却和上司的女儿走到了一起，连个同情的眼神都不曾给过她。

阿眉不甘心，跑去找男神理论，男神只淡淡地说了一句："你我同在财务室，我这边出现纰漏，你未察觉本身就是失职。再说，你愿意代过，我又没求过你，凭什么来指责我？"

好一出翻脸无情的大戏，男神句句如刀，彻底断了阿眉心中那一份情愫。

许多年后，阿眉想起此事，不无感慨："我拿生命去爱他，他却把我的爱情当成草芥踩在脚底，那种感觉真是绝望。"

其实，男神踩的何止是阿眉的一颗心，还有她的尊严。

当一个人愿意牺牲名誉和尊严来保护另一个人不受伤，必是爱之极深。而若一个人把对方的牺牲和付出当成理所当然甚至与己无关的事，也是无情到极点了。

别拿尊严去爱一个人。

哪怕他再好，再无与伦比，也不管他是否爱你，在牺牲的十字路口，只要他把你推出去为自己挡子弹，这个人就不值得你去付出。

爱情没了，还有下一场。爱的人失去了，还会有下一个。而尊严若是丢了，却是一辈子的痛。

就像阿眉一样，哪怕时过境迁，可是说起当年之事，单位里的人还是会笑话她两句——知情的笑她为爱犯傻，不知情的会误会她的职业操守，一辈子的污点怕是怎么洗也洗不掉了。

而最伤人的还是亲眼看着伤害自己的男神，一步步地走向成功了。明知他是小人，却也只能放任自流——就算后来阿眉选择了辞职，这道伤口却会一生跟随。

拿尊严去搏爱情，早晚会被爱情伤害。

多少影视剧里，当少爷爱上某个丫鬟时，卑劣和崇高形成对比，爱屋及乌的少爷会不顾一切去保护丫鬟，哪怕是有人说她半句不好，也必是拼命维护——不管结局如何，丫鬟的名誉和尊严在少爷看来，远胜过自己的生命。

这才是实实在在的爱情，哪怕为爱付出生命，也绝不允许有人玷污所爱之人的清誉。

别拿尊严去爱一个人，用得着你如此付出的，必是不值得去爱的人。

真正爱你的人，又怎舍得你受伤害？他会比你更看重你的尊严和名誉。

12. 再骄傲，也要懂得调情的底线

调情，听起来仿佛是男女间的一种暧昧行为，但做起来却有着一定的技术难度。调情如同弹琴，弹得好了能悦己悦人，弹错了音调却容易招人话柄。这就好像同事小 M 一样。

自打来到男多女少的技术部之后，涉世未深的小 M，唯一学会的就是四处放电，一会儿跟男 A 调下情，声泪俱下地告诉对方："我

怕黑，下夜班之后你送我回去好不好？"一会儿又跑去跟男 B 高叫："去 K 歌吧！我最喜欢听你唱歌，百听不厌！"

如果你把她当成涉世不深的小美眉，疼爱有加也无妨，但你绝对想不到的是，一个回身，她就有可能跑到年近 50 岁的男 Boss 身边，声情并茂地告诉对方："老板能干又威严，我当初应聘到公司，看中的就是您的能力和胆识，好想跟在您身边好好学习一番哦。"

当然，男人面对小女生的暧昧示好总是不拒绝的，于是，在小 M 几番示弱之后，送她回了几趟家的男 A 最先动了感情，以为自己是她唯一的护花使者。不久，他主动地告白，想要保护对方一生一世。

却不料，男 A 被小 M 坚决地拒绝了："我们怎么可能这么快恋爱呢？人家刚毕业，还想多玩几年呢。对不起 A 哥，再等我两年，等我再成熟些我们再说恋爱的事，好吗？"

听听，拒绝都如此暧昧，男 A 自然说不出什么来。

可是，男 B 就没男 A 那么幸运了。

自从跟小 M 去 K 过几次歌之后，男 B 被小 M 的殷勤和暧昧打动了。毕竟，小 M 除了年轻还有七八分姿色，加上毫不掩饰地眉目传情，已过而立之年的男 B 竟然以为小萝莉爱上了自己这位大叔，隔三差五送玫瑰花之外，还主动跟自己快要结婚的女朋友提出了分手。

斯人已去，男 B 立即抱着 99 朵玫瑰跟小 M 求爱，却不料，小 M 用与拒绝男 A 一样的理由拒绝了他。

这一下，男 B 真是赔了夫人又折兵，他怎么想也想不通，明明小 M 对自己有好感，怎么一靠近就跑了呢？

两个失意的男人一起喝酒，这才揭开了谜团。

男 A 告诉男 B："小 M 刚来公司那会儿啥也不会，工作上的事都是我加班帮她完成的。"男 B 这才恍然大悟："小 M 每次出去吃饭，总是叫了一桌朋友，当面说我是她最欣赏最爱慕的男人，其实，最后我都是那个替她买单的人！"

如此一说两人便明白了，自己不过是小 M 暧昧桌上的一盘菜，过期无用，遂对小 M 有点恨之入骨的意思。

之后，男 A 拒绝在工作上再帮小 M 的忙，男 B 更不肯再当小 M 私生活的买单人了。一下子失去两个追随者，小 M 不免有些招架不住。

更让小 M 招架不住的还在后边，跟老板的调情被老板娘无意中偷听到后，老板娘二话不说便开除了她。这一下，她失去的不仅是饭碗，还有声誉。老板娘告诉她："在这个圈里你别想再混下去，凡是我认识的人，没一个不知道你是小三的！"

莫名被扣了一顶"小三"的帽子，小 M 还真是欲哭无泪。她说："我哪里有错了？师姐前辈告诉我，跟男同事和男老板偶尔调下情，不仅可以免费得到帮忙，还能事半功倍，我真的不过是跟他们调下情而已……"

其实，小 M 长得确实漂亮，拥有高学历，如果正儿八经恋爱，必会找到一个好男朋友。但是，她正是因为觉得自己一切都很好，所有人就该围着她，宠着她一样。

回顾小 M 的"调情史"，她确实有过分之处——人人讨好，人人利用。她想从男人身上得到实惠，却忘记了，男人也不是傻子，跟他们调情可以，但却不能乱调。

男女间的调情，就如同餐桌上的调料，少了缺点味道，多了会腻得反胃。如何让它不多不少，则是一门技术活——再骄傲，也要懂得调情的底线。

13. 爱情没有深浅，只有相互成全

好友 Z 恋爱 3 年，却迟迟不肯走进婚姻里，问及原因，永远只有一个理由：他爱我不够深。

我能理解一个女人待嫁恨嫁的心情，却不能理解一个女人不嫁晚嫁的理由。以深浅来试爱，有太多太多的借口，就像 Z 说的那样：

1. 他小气。明明我看上了貂皮大衣，他非要送我羊驼绒的。

2. 他自私。过节总是先给他家买东西，然后再去我们家送。

3. 他不是很在意我。有两次过十字路口时，他没在第一时间拉我的手。

4. 他冷漠过我。有一次他玩电子游戏超过时间，愣是没注意我已经在约会地点等了将近 20 分钟……

爱一个人，有太多理由；不爱一个人，也会有很多借口。

我相信 Z 说的都是实情，毕竟，女人心思细腻，想要的无非是

一个疼自己、爱自己、将自己永远放在第一位的男人。可这天下的男人，个个非完人，他们不可能永远把你当成宝贝，偶尔的一次疏忽便成了女人埋怨半辈子的理由。

其实，真爱一个人，看中的应该是他的内心，而非外在。我这样劝 Z：

1. 他给你买羊驼绒大衣是因为你身在南方，气候有些温暖，根本用不着穿貂皮；

2. 他先给自己家人买东西也不是什么坏事，说明他顾家，以后也会如此顾你；

3. 如果他偶尔忘记牵你的手，其实不是忘记了，而是在考验你，看你能不能主动牵他的手；

4. 一个有爱好的男人其实是可爱的，就算他爱玩的是游戏，总比一块木头强吧？

女人在恋爱时，心思总是过于细腻。男人在恋爱时，其实也是用了心思的，他们偶尔也会犯起小孩子主义，想让女人疼惜、包容。

身为女人，在享受了对方诸多关照之后，实则应该多给对方一些回报，就算小女人性子太强，不愿意去迁就，那也应该多给对方一些成全。

成全对方的思想，让男人打开自己的话匣子，多听听他们内心的声音；成全对方的孝心，一个孝敬父母的男人，终归是可以信赖的；成全对方偶尔的小脾气，别指望男人一辈子哄你、宠你，早点将性格磨合好才容易触摸幸福；成全对方的小心机，偶尔给一颗甜枣吃吃：让他记得你的坏，更要记得你的好。

总之，爱情没有深浅，只有相互成全。不能以深浅来断定男人是否真爱自己，而应该以相互成全来使爱情更加圆满。

记着，你成全对方的同时，对方也在很好地回报你——互动的爱情更加美好，更加稳固。

14. 女王的爱情，有怨有悔

这世上的男女，一旦沾染上了爱情，往往会失去理智——用爱的宽容去包容对方所有的好与坏，怨与悔。这些统统无所谓，反正手里高举的是爱情旗帜，仿佛爱情之下无天理，只要爱了，就必须无怨无悔地去承受、去接受！

爱情当道，女人一般会为男人的脏、乱、花心而备受折磨，折磨之后再去忍让。

更有甚者，常劝女人用母爱之心去对待所爱的男人，让对方享受爱情的同时，再重温一下母爱的温暖，希望以此打动男人那颗被世俗麻痹的心灵，希望爱情继续、生活继续。

而男人也一样在付出，他们只要爱准了一个女人，往往会付出很多——从物质到精神，所有他们能想到的都愿意付给女人，任她们去消遣、去享用。只要女人感动了，能爱上自己，男人便感觉知足，便觉得这是一种胜利。

想想，一个情字，真是折磨尽了世间男女，让他们在爱情面前学会了无怨无悔，宁愿付出自己的所有。

然而，如此付出，真的管用吗？

男人是容易被宠坏的，女人把他当孩子去哄、去应付，面对他的脏衣服、生活坏习惯，甚至在外面胡作非为，女人都统统忍受、接纳，直至将他宠成坏小孩。

等到发现他心里已经没了自己，甚至开始嫌弃你的啰唆时，女人再想办法去挽救，怕是为时晚矣！

男人不可宠，宠多了，他们容易自负，最终的结果只能是女人吃亏。所以，女人面对男人，就要学会偶尔埋怨，偶尔后悔一下，告诉他：再不上进，再如此胡闹下去，我就让你人财两空！

既然女人把男人当成孩子来宠，就要知道，孩子嘛，适当吓一吓，也是有利于成长的。

女人在宠男人的同时，男人也在极力为心爱的女人付出。面对爱情，男人想的比女人要具体得多，他们愿意让心爱的女人吃得好、穿得好，更愿意倾尽所有让女人过上风光无限的好日子，以为女人光鲜靓丽是在为自己撑面子呢。

其实，男人容易有一个疏漏，那就是一个女人过于安逸，心灵是容易寂寞的——如果哪天你落魄了，这个寂寞的女人会不会因为物质不丰足而离你远去？

毕竟，爱情是会随着时间的改变而变化，你没有理由要求爱情一成不变，更没有理由管束对方藏在内心深处的思想。

把一个好女人宠成坏女人，这样的男人总有一天是要后悔的。与其自己后悔，莫如早早醒悟，要知道，生活在安逸里的女人，思想往往也容易飘逸。多给一些提醒，让她懂得珍惜当前，这样，感情才会稳定，生活才能更好地继续。

在爱情的国度里，适时而宠就好。

不论男女，在爱情面前，都要试着有怨有悔。这怨悔，说到底也是令深爱的对方更好地去成长——你适时的怨是他成长的阶梯，你适时的悔是她自醒的凉茶。

毕竟，世上无圣人，更何况是被感情冲昏头的恋人呢。

15. 爱折腾的女人，不过是在等待真正的好男人来征服

身为女人，你有没有因为这样一个理由而失去爱情：

当你决定多读几年书的时候，男人说你太折腾，转身走开。

当你决定再拼一把事业的时候，男人说你穷折腾，一脸不理解。

当你决定提升一点生活品质的时候，男人说你瞎折腾，莫名被分手……

微信群里有个女孩叫小 E，百分百的好姑娘，生活里只有两样东西，书和男朋友。她和男朋友是研究生班的同学，两人约定毕业后一起打拼。临近毕业时，课业优异的小 E 被导师相中，推荐博士

连读了。

小 E 自然高兴，男朋友却不乐意了，认为她太折腾，一个女人读那么多书有什么用？将来还不是要嫁人生子。

几番思量后，小 E 无奈地选择了分手——不是她狠心，是男朋友转身就劈腿了，理由是小 E 太折腾，谁知道将来博士读完会不会又出国，他等不起。

还有一个姑娘 R，34 岁待嫁，刚刚结束一段恋情。

男方其实挺优秀的，对她也不错，两人曾经有过商业上的合作，彼此中意。就在谈婚论嫁的时候，一个突然到来的商机让 R 决定扩大经营，当然这需要很大一笔资金的投入，这时男方不愿意了，说她穷折腾，够吃够喝还不安分，万一赔了怎么办？

R 在江湖混得久了，自然明白商业上的风险，可是事业不进则退，怎能错失良机？

两个特有主意的成年人，谈恋爱就如同商业谈判，触及各自的底线，结果只能是老死不相往来。

最后一个姑娘，小资女 Q，因美生娇，舍得打扮。她赚来的钱除了打扮自己，还倒腾租来的小屋，清一色的 Hello Kitty，让第一次上门的男朋友惊了一下。

当他得知一屋子的 kitty 造价足有 10 万元的时候，直接吓得不说话——一个出租屋都如此费钱，将来过日子岂不更费？

分手还是后来介绍人传出的话——男方连说再见的勇气都没有，人就消失了。通过介绍人，Q 才知道，男方对她的评价是瞎折腾，看着就不像能过日子的好女人。

无从评判男人的好坏，只想说，他们真的想多了。

就像小 E，读书不是折腾，谁也没规定科学家只能是男性，更何况她本来功课好，完全就是一种自带的骄傲啊！

老姑娘 R 也一样，奔事业不是折腾，如果不奔，坐在家里让男人来养，是不是就算安分了？

最可怜的是小 Q，不过追求了一把生活品质，花的还是自己的钱，偏偏被冠上"不是好女人"的罪名，这又得罪了谁？

但我却觉得，分手分得好，女人该怎么折腾就怎么折腾。

当一个男人惧怕你的折腾时，他一定不够爱你，至少不够理解你。

当一个男人欣赏你的折腾时，就大胆地去接受他，好好爱。

爱折腾的女人，不过是在等待真正的好男人来征服。

他放手，是他自觉不配。

当男人无法理解女人为何爱折腾的时候，这个男人就不值得女人去爱了。

真正值得爱的男人，会明白女人的折腾，其实是为事业，为生活，为爱情，为值得折腾的一切而折腾。

16. 没一个男人不吹牛，没一个女人不说谎

爱情总是让人难懂，这是许多挣扎于爱情中男女的心声。

"越难懂越想懂，越想懂，事情就越糟。"朋友丁珰一边喝着热咖啡，一边伸手抹额头的冷汗，用她的话来说："再闹掰的话，我可是第三次失恋了。"

丁珰和男友属于一见钟情的爱情版本，男方年轻帅气，她本人更是漂亮聪明，可谓金童玉女的绝佳配对。

作为朋友，我深知她对这场爱情寄予的厚望，毕竟，凡是女人，哪个不想让爱情尘埃落地的？

"可是，我发现他有太多的毛病，最让我吃不消的是，他爱吹牛。刚认识那段时间，他经常带我出入高级娱乐场所，我还心疼他如此消费是否吃得消呢，他却说自己月入过万，不怕不怕。可后来，巧遇一个跟他在同一单位工作的同学，我才打探清楚，其实，他也就是三四千块的月收入……吹牛皮吹大发了！"

丁珰一边说，一边叹气："还有呀，他明明就是一个初级技师，竟然告诉我是工程师。你说说，这叫什么事嘛！"

我笑："男人在别处吹牛倒不好说，如果是在爱情里吹牛，其实是可以原谅的。你想想你的男朋友，他之所以吹嘘收入是为了想

让你玩得放心，之所以吹嘘职位是为了让你对他有信心，不管是怎么个吹牛法，都是围绕你在转，还有什么可计较的？"

听了我的话，她若有所思地点点头，可想了想，还是觉得不妥，拿出电话便打了过去。

听得出，她在打给另外一个女友，在电话里，她一再嘱咐对方："如果刚子问你我昨晚是不是在你那里，你一定要说是，千万帮我圆这个谎哦，不然我和他就……拜托拜托。"

挂了电话，丁珰吐了吐舌头："昨天我们吵架了，我在酒吧混了一夜。"

我不得不批评她："这种说谎方式对爱情不利，某天被对方不小心识破，怕再难圆谎。"

话还没说完，丁珰的电话又响了，看了我一眼，她表情复杂地背过身去，不用问就知道是她的男朋友。

接下来，我听到她是这样说的："亲爱的，我不生气了……我正逛街呢，当然是我一个人喽……是呀，我准备给你买一件 T 恤，是'皮尔·卡丹'好呢，还是'李宁'好呢？"

我白了她一眼，这妮子，我们所在的咖啡馆离商场还有好长的距离，可她却冲我再次调皮地吐舌头："拜托，我得赶紧往商场赶，他一会儿到那边接我，你可不许拆穿我哦。"

说这话的时候，她已经忘记了，在计较男友吹牛的同时，其实自己也成了一个说谎者。

说起爱情，真可谓百般滋味，幸福有之，悲苦更甚，只要你坚持走下去就会发现，其实爱情有一个共同法则：没一个男人不吹牛，没一个女人不说谎。

但是，男人吹牛太用力容易将牛吹上天，飘在空中，容易给女人虚幻、不安全的感觉；同样地，说谎太多的女人一旦让男人揭穿，除了颜面尽失，怕也再难去圆这最后一个谎。

如何吹牛，如何说谎，都有一个度。男人吹牛是为了让女人更看重自己，以满足他小小的男性虚荣心；而女人说谎，则是为了让男人加深对自己的怜惜之情，以便更进一步发展下去。

骄傲的女人往往对谎言不屑一顾，其实，有时候，善意的谎言是对人的一种安抚和尊重，适时而为，并非不可取。

17. 折服男人，但不折腾男人

男人最欣赏的是充满智慧的女人，膜拜智慧的同时，他们容易被女人的智慧深深折服。而生活中的女人，却总把折腾当折服，弄得男人疲惫不堪。

Betty 的爱情来之不易，再回首时，她常说的一句话就是："幸亏当时我没折腾到他。"

原来，当年 Betty 在爱情这场角逐戏中并不占优势，恋上的男人是她的老板。对方不仅家资甚厚，而且长相俊朗，处事沉稳，为人谦和，绝对是男人中的 NO.1。作为下属的 Betty，对他日久生情，但苦于身份，她没办法表白，只好远望。

却不料，在 Betty 远望老板的时候，已经有女人出了手。

对方是个漂亮时尚的大学生，到公司应聘时一眼就瞅上了男老板，而且还颇有心计地打听到老板是单身。女大学生辗转之下连薪水都不计较，颇有心机地成了老板的秘书。

正所谓近水楼台先得月，女大学生先下手，给了 Betty 不少压力。睡不着的夜里，她不止一次地将自己和女大学生拿来作比较，不比不知道，一比吓一跳——

大学生正是好年华，而自己眼见着奔三了；对方不论身材还是学历都属上乘，这点自己也不占优势；最重要的一点是，虽然自己是公司的部门主管，但跟老板相处的时间远远少于对方，因为对方是秘书……

一条条比下来，Betty 越来越没自信，尤其当她看到老板开始带着女大学生进进出出时，她感觉自己完全落败了。

可是，事情很快就有了转机。

某个上午，Betty 听到老板和女大学生在办公室发生了争吵，这对于一向谨慎的老板来说，实属罕见。

公司员工都凑上去一听蹊跷，Betty 也跟着去听：原来女大学生自恃有老板宠着自己，近来不仅随意下达号令，昨天还因为怠慢了大客户，导致公司损失惨重。

Betty 觉得自己的机会来了。她主动请缨去拜见大客户，并想尽一切办法挽回，虽说损失依然存在，但至少公司信誉回来了。同时，她开始主动出击，帮助老板修订了公司章程，实行即时奖罚政策。如此一来，员工有了积极性，业绩大幅上升。

如此一番作为下来，老板看 Betty 的眼光就不一样了。

可 Betty 知道，这仅仅是个开始，自己的革命道路还远着呢。所以，面对老板的约请，她从容又淡定地拒绝："作为员工，这是我应该做的，不需要这种奖励。"如此温婉的拒绝，让老板的心情怪怪的。

紧接着，Betty 开始制造老板和女大学生之间的矛盾。每次遇到老板出席活动之类的应酬，她总是有意无意地透露给女大学生，她知道对方一定不甘寂寞，一定会缠着老板出席。

果然，女大学生开始在老板面前叫嚷，甚至连哭闹都用上了。

当浩浩荡荡的哭声从老板办公室传出来的时候，Betty 笑了。一切如她所料，女大学生的不断折腾，最终让老板心烦，两人很快分了手。

而面对干练从容的 Betty，老板不失时机地表白了。听到对方说喜欢自己的那一刻，Betty 泪如雨下，所有人都以为她是幸福的，其实只有她自己知道，为了这场爱情，曾经有过多少算计，付出了多少等待。

对于女人来说，一定要看穿男人的心。找准时机折服男人，让他对你靠近；不要轻易去折腾男人，那样只会让他离你越来越远。

18. 懂得自知，才是刚刚好的女子

与友人聊天，她突然长叹，坦言自己已老。过往的争执之心，早已被岁月磨去棱角，余下的，则是对日子深深的满足——虽然她的孩子患疾刚出院，虽然金融危机让她的工资只能拿到七成。

这让我想到自己的境地：生活、薪水皆一般，眼见加入剩女行列亦不知着急。更令过往朋友不解的是，本应升迁的职位被人取代，大家已经急得上蹿下跳，说，怎么想那个职位也应该是你的。而身为当事人的我，却抱以感激的笑，轻耸肩头，给他们一个无所谓的表情。

时过境迁很久之后，才有亲密的朋友弱弱相问：真的对这一切都不在意吗？

这回觉得惊讶的人则是我了。

在朋友眼里，我一直是过去那个上进到极致，以工作为追求的坚强女子，亦或为了某段不得已结束的爱情而坚持怀恨于心、终不遗忘的女子吧——他们只读懂得了我的过去，却终是看不明白我的如今，及未来。

其实，自己的改变，只有自己知道。岁月像带着强力效用的洗涤剂，它洗刷了过去的无知及无畏，也漂净了我的心灵。

过往所有的骄傲跟清高已经溃不成军，有的只是对生活不得已的妥协。

所谓的争执跟怀疑，并没有随着年龄成长，相反，它跟年龄成了反比——年龄愈大，心里愈觉得过往的争执是多么的没有意义。玩笑也好、伤害也罢，于我来说只是过去，心中装的东西越多，反而越发地宽阔，偶尔还会暗笑自己，当初怎就如此计较？

自知悲苦，自知幸福，自知体谅，自知满足。过去的悲苦再冗长，也已经过去，现在握在手心里的，自己能够把握得住，这就是幸福了。而这种感觉，不仅是肉眼能看的到才叫幸福，心能体会就好。

越长大越明白，人心不古，我们不能强求这世上每个人都对自己微笑以对，也做不到以微笑去面对每个人，那就暗地里告诫自己，适时知足——要知道，哪怕收获了一张笑脸，也是一种温暖。

那些年少时的懵懂与过错，被冠上仇视跟介怀，曾经咬牙切齿地大胆宣言，此生也不得原谅。

然而，有一点我们终是忘记了，有些人与事，就是在我们自以为是的念念不忘里给忘记了。再想起时，则会发现，过去的那些话是何等的幼稚，可笑到自己都不能原谅自己。

还好，悟到这一切，为时尚不晚。寻常之人，自知命运早定，贵在冷暖自知。因为自知，给了自己海阔天空的机会。试问，这天下还有比自由更幸福的事情吗？如果某天你遇上自知到谦卑的朋友，会不会觉得很温暖呢？

有人说，自知是一种温暖，暖到人性豁达，暖到幸福飞来。

有人说，自知是一种力量，让你在孤独时能品出不一样的风景。

有人说，自知是一种生活态度，能够越活越通透。

我却认为，自知是一种修为，特别是对女人来说，能自知，善独身，懂得变通，识得真伪，唯如此才无坚不摧，才值得骄傲，才算得上是真正的女王。

自知，才是刚刚好的女子。祝福天下所有的女人，都像女王一样骄傲地活着，绝世般美好。